服装材料与设计基础

主 编 刘 旭 刘思如 刘丰溢

北京理工大学出版社
BEIJING INSTITUTE OF TECHNOLOGY PRESS

内 容 提 要

本书是根据对日本文化服装学院的教学理念和教材内容的学习，结合我国服装设计学科教学的实际情况进行编写的。全书共分为五章，第一章为服装材料概述，分为两节，第一节是材料的重要性，第二节是服装材料的性能，主要讲述学习服装素材理论的重要性；第二章为面料概述，主要说明面料的组织结构；第三章为常用于服表的服装面料，主要介绍了这一类面料的特点及类别；第四章为服装辅料，主要按照辅料的用途和种类进行讲解；第五章为当代新型科技面料的发展。希望通过本书的学习，学生能够对服装材料有一定程度的了解，并能够灵活运用各种材料进行服装设计，为自己今后的服装设计之路打下良好的基础。

本书可作为专科生、本科生或研究生低年级的教材使用，也可为有一定服装设计基础的学生对服装设计的继续探索提供指引。

图书在版编目（CIP）数据

服装材料与设计基础 / 刘旭，刘思如，刘丰溢主编.
--北京：北京理工大学出版社，2022.7
ISBN 978-7-5763-1451-9

Ⅰ.①服… Ⅱ.①刘… ②刘… ③刘… Ⅲ.①服装—
材料②服装设计 Ⅳ.①TS941.15②TS941.2

中国版本图书馆CIP数据核字(2022)第112068号

出版发行 / 北京理工大学出版社有限责任公司
社　　址 / 北京市海淀区中关村南大街5号
邮　　编 / 100081
电　　话 / （010）68914775（总编室）
　　　　　（010）82562903（教材售后服务热线）
　　　　　（010）68944723（其他图书服务热线）
网　　址 / http://www.bitpress.com.cn
经　　销 / 全国各地新华书店
印　　刷 / 北京紫瑞利印刷有限公司
开　　本 / 787毫米×1092毫米　1/16
印　　张 / 10.5　　　　　　　　　　　　　　　责任编辑 / 陆世立
字　　数 / 187千字　　　　　　　　　　　　　文案编辑 / 李　硕
版　　次 / 2022年7月第1版　2022年7月第1次印刷　责任校对 / 刘亚男
定　　价 / 68.00元　　　　　　　　　　　　　责任印制 / 李志强

图书出现印装质量问题，请拨打售后服务热线，本社负责调换

前　言

随着人类文明和科学技术的进步，人们物质生活水平的提高，服装不再仅仅是一种物质现象，还包含着丰富的文化含义，它的社会价值、文化价值乃至艺术价值，逐渐超越人类对它的基本需求。服装功能的外延已经向社会文化和精神领域拓展，并作为人类生活状态中不可缺少的一种符号和象征而存在。服装材料是服装设计师诠释主题和风格的基本载体，它承载着设计师的思想和设计理念，是表达服装设计效果重要的组成部分，它作为设计的前提和基础，带动了设计的发展，让服装行业进入了一个理想的发展阶段。

本书结构科学合理、内容充实全面，具有较强的前沿性、实践性、创新性与可读性，力求达到理论与实践相结合，对提升服装设计能力有一定的理论支撑作用。本书在每章后面加入课后习题，方便教师引导学生进行课后复习。

本书第一章由刘旭和刘思如共同编写，第二、三、四章由刘思如和刘丰溢共同编写，第五章由刘丰溢与其他老师共同编写。编者在编写本书的过程中，得到了许多专家学者的帮助和指导，借鉴和引用了很多专家学者的研究成果，在此表示诚挚的谢意。另外，对所参考书目中的所有作者、百度百科以及以下提供图片的网址和个人表示感谢（搜狗百科、中国网库、搜狐网、百度、淘宝、微信传统服饰、Chrome、搜狐网、小红书、京东、114批发网、中国制造交易网、慧聪网、机电之家、闲鱼网、知乎、马可波罗、Google、Shopbop、t180互动问答网、Konlida、Kevlar、阿里巴巴、钱眼网、易购网、网易订阅、纺织网、纺织化工网、中华企业录、鸟网、搜搜百科、黄页88网、服装设计图公众号、Vogue Runway、

Instagram、知乎、站酷插画师、环球科学、全球纺织网咨询中心、空中网、搜好货网站），有些引用的文字和图片在标明出处时有所遗漏。如有版权问题，请与我们联系，一定以合理合法方式获得图片授权。

由于编者水平有限，加之时间仓促，书中所涉及的内容难免有疏漏之处，希望各位读者多提宝贵意见，以便编者进一步修改，使之更加完善。

编　者

目 录

第一章

服装材料概述

第一节　材料的重要性

随着生活水平的提高，人们对服装的穿着要求也越来越高，更加追求时尚舒适、健康安全、具有个性。在这种情况下，服装材料由最原始的保暖、遮盖等功能，向注重功能性与智能化方面发展。消费市场的这种要求，进一步促进了服装材料的更新与发展。如今，各种面料层出不穷，许多新的材料不断涌现，服装素材不断推陈出新。例如，无公害、节能绿色的新纤维素纤维天丝（图1-1）改进了纤维素纤维的品质质量，涤纶面料也因其性能改进而变得穿着舒适，受广大群众的喜爱。

图1-1　纤维天丝

目前，具备功能性、高性能的服装材料已在人们的日常生活中不断普及，新型服装材料进入了迅速发展的时期。新型服装材料的种类繁多，它的含义主要可概括为：第一，以亲善人类为目的，服务于人类，能愉悦人类的身心，利于人类的肌体，取悦人类的精神，满足人们的日常生活需求；第二，它以环境友好为目标，能起到环保等作用。海藻纤维（图1-2）便是用海藻开发出来的新型纤维，它具有防辐射、抗细菌等多方面的功能，可用于医疗、消防、保健等各个方面；永久抗静电面料（图1-3）是一种导电纤维，面料透气环保、有弹性，且具有永久抗静电功效；茶叶纤维（图1-4），主要用于制作衬衫和夹克，有可持续性，环保

图1-2　海藻纤维

性能高，它的产生是服装行业的一大进步。

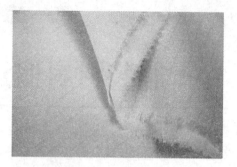

图1-3　永久抗静电面料

图1-4　茶叶纤维

服装是艺术的结晶，是艺术的体现。一个服装设计师无论他的创作多么天马行空，没有合适的服装材料，就展现不出服装的风格及特点。做不到服装材料与款式相结合，无论如何也不会有好的效果。所以，作为一个优秀的服装设计师应该对服装材料有充分的认识，努力将其与款式设计进行最完美的结合，将服装设计与服装材料融为一体（图1-5）。

图1-5　服装设计与材料融为一体

服装是包括覆盖人体躯干和四肢的衣服、鞋帽和手套等的总称，也指人着装后的状态。对于服装设计师和服装制造商而言，设计和制造的服装必须能够产生利润才能算成功。要产生利润，服装必须能销售出去，同时还必须保证服装的平均售价高于服装制造成本和销售成本之和。服装设计师和服装制造商要设计和制造出适销对路的服装，重要的一环就是服装材料的合理选择，首先要考虑服装材料的表面色泽、纹理和图案效果（图1-6），其次要考虑服装材料的造型能力，再次要考虑服装材料的成衣加工性能、服用性能和舒适性及功能，最后必须满足预定的性能成本比。

对于服装消费者而言，买一件衣服要

图1-6　服装材料的表面色泽、
纹理和图案效果

物有所值，要有良好的性能价格比，还要适用，否则就会造成浪费。而能否做到这一点，与服装消费者的审美能力和对服装材料的了解程度密切相关。

由于人们所处的自然环境和社会环境不同、出席的场合和从事的活动不同，年龄、性别和品位不同，因此服装有多种类别和风格。而不同类别和风格的服装对服装材料的性能除了一些共同的基本要求之外，还有能满足适合特定条件下穿用的特殊的要求。因此，很难说某种服装材料绝对比另一种服装材料优越，因为合适的才是最好的。"要正确地选择所需的服装材料，既要明确对具体服装类别的性能和美学的要求，又要了解各种服装材料的性能特点，在此基础上，才能正确选择可以满足这些要求的服装材料"。

服装材料的重要性主要体现在以下方面：

（1）材料是服装设计的基础要素。要做出服装，必定要用到服装材料。材料是设计的根本，是不可动摇的存在。服装设计师依靠服装材料来实现自己的想法，无论是服装的款式造型，还是服装色彩方面的设计都依靠服装材料来实现。

（2）材料的选择影响服装效果。在服装设计过程中，质量是最重要的。材料没有好的质量不会展现出良好的服装造型，材料的选择在服装的设计过程中是一个非常重要的环节，直接影响到服装设计师的设计取向与服装设计的最后成效。服装设计师可将材料的某一个特性进行提炼，进而升华到一定层次。而服装设计师在进行抽象创作的同时，往往又是根据服装材料的特点来达到自身的设计目的，完成最终的设计。作为一个服装设计师应了解设计与材料的关系，服装设计是生产力，设计过程离不开材料的特性，使用相匹配的材料，才能展现出好的构思，不同的款式风格要选择与其相匹配的材料，才能达到相应的效果。

在纺织行业中新的高科技服装材料层出不穷，服装企业纷纷推出现代、时尚、美观、穿着舒适、款式新颖的服装。高新技术改进的天然材料越来越受到消费者的青睐。作为一种新的纤维材料，转基因彩色棉、丝光棉材料广泛应用于生活领域，不仅能够避免环境污染和对人体的伤害，又具备风格独特、色泽柔和以及屏蔽紫外线的特性。为了在激烈的商品竞争中获胜，各个服装企业都十分重视新产品的研究与开发。如今，纺织原材料、纺织产品涉及的科学技术范畴及其应用规模日趋扩展，向宇宙空间、生物领域飞速迈进。丰富多彩的品种，多方位、多功能的性能特点，使服装材料的发展也达到了前所未有的高度。

在设计过程与服装的生产中经常会遇到一个问题：不同的服装材料，应用于相同的设计形式和方法技巧，会出现不同的款式风格效果。服装材料能激发服装设计师的创作灵感和热情，表达一种新的设计理念。不断推陈出新的服装材料能够促进服装在造型上的突破，服装材料往往隐藏在服装设计作品中，无论是从服装的创作还是其他角度而言，材料都是服装设计中最重要的形态构成要素。

　　从设计的角度而言，肌理美（图1-7）在服装材料中最为重要，它不仅能表现生动的审美特点，还能丰富材质的形态，直接决定时尚外观设计的表达观念是否准确。"如何正确使用各种材料的纹理特征，结合服装整体搭配要求，合理组织，充分展示各种纹理的魅力对材料设计起着决定性的作用"。准确把握材料的形成过程及装饰特征，有利于设计师设计思维的拓展，可加强服装表现力和感染力。总而言之，服装材料对服装造型的结果有着较大影响。

图1-7　肌理美

第二节　服装材料的性能

　　服装材料学是研究服装材料、辅料及其有关的纺织纤维、纱线、服装材料的结构、性能的关系的一门科学。服装材料的发展经历了非常缓慢的历史过程。自有人类以来，兽皮和树叶便成为御寒遮体之物（图1-8），这就是最早的服装材料。随着人们对大自然的探索，对生存环境的逐步了解，渐渐从自然界中提取更多的材料用于制衣御寒，即现在所称的天然纤维原料：棉、毛、丝、麻等。直到19世纪中下叶，产业革命才使服装及其材料得到了迅速发展。人们在继续使用自然界本身所具有的各种材料的同时，又创造了许多自然界所没有的服装材料，人造长纤维便是最早出现的人工制造纤维，从此各种新型的服装材料不断涌现，化学纤维工业逐步发展起来。

图1-8　兽皮和树叶作为御寒遮体之物

　　技术的发展以及人们对服装服用性能要求的提高，使得服装材料正在向高科技化发展，通过增加技术含量来提高服装的附加值。例如，通过各种物理、化学改性、改形及整理方法使服装材料具有防水透湿、隔热保暖、阻燃、抗静电、防霉、防蛀等特殊功能，以满足特殊场合的需要，服装材料向着天然纤维化纤化、化学纤维天然化的方向改进。天然纤维除保持本身的吸水、透气、舒适等优点外，还使其具有抗皱、弹性等性能。化学纤维则进行仿生化研究，使服装材料具有仿棉、仿毛、仿丝、仿麻、仿鹿皮、仿兽皮的效果。

不同服装材料其性能表现各不一样，服装应用范围和最终用途也会大相径庭。因此，认识和掌握服装材料的各种性能，对正确地选用材料，合理地设计服装，满意地穿着服装会大有帮助，产生事半功倍的效果。

一、服装材料的物理机械性能

服装材料在外力作用下引起的应力与变形间的关系所反映的性能叫作服装材料的物理机械性能，主要包含以下方面。

（一）服装材料的强度性能

1. 服装材料的拉伸强度与断裂伸长率

服装材料在服用过程中，受到较大的拉伸力作用时，会产生拉伸断裂。将服装材料受力断裂破坏时的拉伸力称为断裂强度；在拉伸断裂时所产生的变形与原长的百分率，称为断裂伸长率。服装材料的拉伸断裂性能决定于纤维的性质、纱线的结构、服装材料的组织以及染整后加工等因素。

纤维的性质是服装材料拉伸断裂性能的决定因素。纤维的断裂强度是指单位细度的纤维能承受的最大拉伸力，单位为厘牛 / 分特（cN/dtex）。在天然纤维中，麻纤维的断裂强度最高，其次是蚕丝和棉，羊毛最差；在化纤中，锦纶的强度最高，并且居所有纤维之首，其次是涤纶、丙纶、维纶、腈纶、氯纶、富强纤维和黏胶纤维，其中，黏胶纤维强度虽低，但略高于羊毛，在湿态下，其强力下降很多，湿强仅为干强的 40%~50%。除黏胶纤维外，羊毛、蚕丝、维纶、富强纤维的湿强也有所下降，但棉、麻纤维例外，其湿强非但没有下降反而有所提高。涤纶、丙纶、氯纶、锦纶、腈纶等则因吸湿小，而使其干、湿态强度相差无几。至于断裂伸长率，则属麻纤维最小，只有 2% 左右；其次为棉，只有 3%~7%；蚕丝为 15%~25%；而羊毛属天然纤维之首，可达 25%~35%。化纤中，以维纶和黏胶纤维的断裂伸长率最低，在 25% 左右，其他合纤均在 40% 以上。

因此，各类纺织纤维的拉伸性能是不同的，棉麻类属高强低伸型，羊毛属低强高伸型，而锦纶、涤纶、腈纶等属高强高伸型。此外，还有维纶和蚕丝属中强中伸型。一般细而长的纤维织成的服装材料比粗而短的纤维服装材料拉伸性能好。

一般而言，纱线越粗，其拉伸性能越好；捻度增加，有利于拉伸性能提高；捻向的配置一致时，服装材料强度有所增加；股线服装材料的强度高于单纱服装材料。在其他条件相同的情况下，在一定长度内纱线的交错次数越多，浮长越短，服装材料的强度和断裂伸长率越大。因此，三原组织中以平纹的拉伸性能为最好，斜纹次之，缎纹最差。服装材料的后整理对拉伸性能的影响，应视具备情况而定，有利有弊。服装材料拉伸性能可用断裂强力、断裂伸长、断裂长度、断裂伸长率、断裂功等指标来表达。国际上通用经纬向断裂功之和作为服装材料的坚韧性指标。

2. 服装材料的顶裂强度

服装材料局部在垂直于服装材料平面的负荷作用下受到破坏，称其为顶裂或顶破。顶裂与衣着用服装材料的拱肘、拱膝现象相关，也与手套及袜子的受力情况相似。顶裂试验可提供服装材料多向强伸特征的信息，特别适用针织面料（图1-9）、三向面料（图1-10）、非织造布（图1-11）及降落伞用布（图1-12）等。

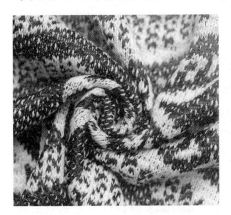

图 1-9　针织面料

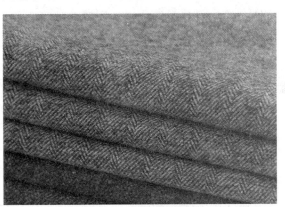

图 1-10　三向面料

图 1-11　非织造布

图 1-12　降落伞用布

国家标准中规定，顶裂试验采用弹子式或气压式顶裂试验机进行，测试指标为顶裂强度和顶裂伸长。

3. 服装材料的撕裂强度

在服装穿着过程中，服装材料上的纱线会被异物钩住而发生断裂，或是服装材料局部被夹持受拉而被撕成两半。服装材料的这种损坏现象称为撕裂或撕破。目前，我国在经树脂整理的棉型服装材料和其他化纤服装材料测试中，有评定服装材料撕裂强度的项目。

服装材料撕裂强度的影响因素与拉伸性能所不同的是，撕裂性能还与纱线在服装材料中的交织阻力有关，因而表现出平纹组织服装材料的撕裂强度最小，方平组织（指以平纹组织为基础，沿着经纬两个方向延长组织点所形成的组织）服装材料的撕裂强度最大，缎纹和斜纹组织的撕裂强度处于两者之间。服装材料的撕裂性能在一定程度上能反映出服装材料的柔软度和蓬松度等特性。

国家标准中规定的测试服装材料撕裂强度的方法主要有单缝法、梯形法、落锤法三种。单缝法的撕裂过程是指沿着织物纬向撕裂，经纱断裂的情况。在单缝法撕裂时，织物裂口处形成一个受力三角形，断裂的纱线是非受拉系统的纱线，拉伸力的方向与断裂纱线的原轴向垂直。梯形法是指梯形试样夹持在强力机上、下夹钳内，试样在外加负荷不断增大时，试样短边沿切口向长边方向逐渐撕裂，直至全部断裂。落锤法是将试样固定在夹钳上，将试样切开一个切口，释放处于最大势能位置的摆锤，可动夹钳离开固定铁钳时，试样沿切口方向被撕裂，把撕破织物一定长度所做的功换算成撕破力。这三种方法分别适合于测试经染整加工处理的服装材料、各种梭织物及轻薄非织造服装材料，针织面料一般不作撕裂试验。

（二）服装材料的弹性与抗皱性

弹性是指服装材料变形后的恢复能力；抗皱性是指服装材料抵抗弯曲变形的能力，也称为折痕回复性，二者同归于服装材料的弯曲性能。服装材料并非完全弹性体，服装材料在外力作用下会产生可变的弹性变形和不可变的塑性变形。当外力去除后服装材料能立即恢复原状或经过一段时间逐渐恢复原状的性能称为可变弹性变形，包括急弹性变形和缓弹性变形；当外力去除后服装材料不能恢复原状的性能称为不可变塑性变形。影响抗皱性和弹性的主要因素有纤维性质、纱线结构、服装材料组织及染整后加工等。

纤维的弹性与抗皱性是影响服装材料弹性和抗皱性的主要因素，抗皱性取决于纤维初始模量的大小。初始模量是指较小的拉伸力与变形应力之比。初始模量越大，抗皱性越好；初始模量越小，抗皱性越差。在天然纤维中，以麻纤维的初始模量属首位，且在所有纤维中其值最大，棉、蚕丝次之，羊毛最差。在化纤中，初始模量从大到小依次是涤纶、黏胶纤维、腈纶、维纶、丙纶、氯纶、锦纶。弹性与纤维在小变形下的拉伸回复性能呈线性关系，天然纤维中的羊毛弹性最好，氨纶又称为弹性纤维，其次是锦纶、丙纶、涤纶、腈纶、氯纶和维纶，以黏胶纤维的弹性为最差。

因此，涤纶初始模量高，弹性好，其服装材料不易折皱，保形性好，而锦纶虽然弹性好于涤纶，但初始模量低，其服装材料挺括度不如涤纶服装材料好，相比之下，涤纶更适合于做外套服装。锦纶服装材料在穿着时，肘部、臀部、膝部会隆起来。麻、棉、黏胶等纤维初始模量较高，但弹性差，其服装材料一旦形成折皱，不易消失。

纱线捻度适中，其服装材料抗皱性好，否则抗皱性会因捻度过大或过小而变差。一般而言，组织点少的服装材料抗皱性好。因此，缎纹组织服装材料的抗皱性较好，而平纹组织服装材料的抗皱性较差。服装材料经过热定型和树脂整理，可提高抗皱性。表达服装材料抗皱性的指标为折痕回复角，而反映弹性大小的指标是弹性恢复率，它们的测定均有国家标准统一的测试方法。

（三）服装材料的耐磨性

服装材料在穿着和使用过程中会受到各种磨损而引起服装材料损坏，将服装材料抵抗磨损的特性称为耐磨性。磨损是服装材料损坏的主要原因之一，其影响因素仍是纤维的性质、纱线的结构、服装材料组织及染整后加工特性。

在各种纤维中，以锦纶的耐磨性为最优，其次是涤纶、维纶、丙纶、氯纶，腈纶的耐磨性最差；天然纤维中，羊毛的耐磨性相当好，棉、蚕丝和麻的耐磨性一般。这就是锦纶常用来制袜，而羊毛耐穿的原因。

纱线粗，其服装材料耐磨性好；捻度大的服装材料耐磨性也好；股线服装材料的耐磨性优于单纱服装材料。在经纬密度较疏松的服装材料中，平纹组织服装材料的耐磨性最好，缎纹组织服装材料的耐磨性最差；而在经纬密度较大的紧密服装材料中，结论正好反之，平纹服装材料的耐磨性最差，缎纹服装材料的耐磨性最好。服装材料经过树脂整理，可提高其耐磨性。服装材料的磨损分为平磨、曲磨和折边磨等，衣服的袖口与裤脚属于平磨；而衣裤的肘、膝部属于曲磨；上衣领口、裤脚边属于折边磨。

服装材料耐磨性能的测试有实际穿着试验与仪器试验两类。评价服装材料耐磨性的指标主要包括：首先，经一定的摩擦次数后，以服装材料物理性能发生的变化表示，如用样卡来对比评定外观色泽、起毛起球级别，用仪器来测定强度、重量、厚度、透气量等的变化率；其次，以试样上出现一定的物理形态变化（如产生破洞）时的摩擦次数来表示；最后，采用综合耐磨值：综合耐磨值 =3/（1/ 耐平磨值 +1/ 耐曲磨值 +1/ 耐折边磨值）。

二、服装材料的化学性能

服装材料的化学性能是指服装在加工和使用过程中受到各种因素的影响、作用和干扰，使其性质发生变化，甚至破坏，而服装材料能够抵抗这种变化和破坏的性能，一般包含材料的耐热性、耐旋光性及耐酸、碱等化学药品性能。

（一）服装材料的耐热性能

服装材料在加工和使用过程中，经常会遇到各种热的作用，如染色、热定型、洗涤、熨烫、干燥等，服装材料受热作用后，其强度一般会下降，强度下降的程度随温度、时间和纤维种类而异。将服装材料在高温下保持自己物理机械性能的能力叫作耐热性。服装材料耐热的性能随着温度的升高，逐渐呈现出物理和化学性质变化，直至高温下，天然纤维和人造纤维分解碳化或合成纤维软化、熔融。

服装材料的耐热性取决于纤维耐热性的好坏。在天然纤维中，麻的耐热性最好，其次是蚕丝和棉，羊毛最差。在化学纤维中，黏胶纤维的耐热性很好，常被用作轮胎帘子布（图1-13），涤纶的耐热性也非常好，其次是腈纶，而锦纶、维纶和丙纶的耐热性较差，锦纶遇热产生收缩，维纶不耐湿热，丙纶则耐湿热不耐干热，耐热性最差的纤维应属氯纶。

图1-13　轮胎帘子布

服装材料的耐热性包含热可塑性和热收缩性。热可塑性是指服装材料受热后塑性增加，即将服装材料加热压成一定形状后使其迅速冷却，服装材料会在这一形状下固定下来。任何服装材料都具有热可塑性，以羊毛和合纤表现更为突出。服装进行熨烫定型就是利用了这一点。热收缩性是指服装材料受热后产生收缩的性能，一般羊毛和合成纤维都会产生热收缩。羊毛在湿热条件下反复受外力作用，纤维之间会互相缠在一起交编毡化，这就是羊毛特有的缩绒性。利用这一特性可生产质地丰满的粗纺呢绒（图1-14）和毛毡，使其表面形成一层毛绒，手感更加柔软，外观更加美丽，而精纺呢绒（图1-15）为了保持布面的光洁和织纹的清晰，要进行防缩绒处理，这也是羊毛穿着过程中不易保持尺寸稳定的根本原因。在合成纤维中，维纶（图1-16）的热水收缩率很高，因此维纶不宜用热水洗涤，而其他合纤也都有不同程度的热收缩，因而在制作这类服装材料服装时，裁剪规格要略大些。

图1-14　粗纺呢绒

图1-15　精纺呢绒

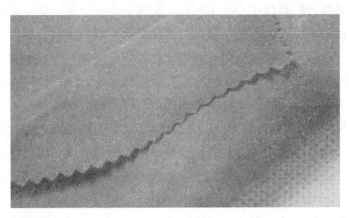

图 1-16　维纶

评价服装材料和服装耐热性能优劣的指标包含以下方面：

（1）抗熔孔性。服装材料在局部接触火星或高温时抵抗形成孔洞的性能称为抗熔孔性。其测定方法常用落球法和烫法。落球法是将加热的玻璃或钢球放在水平张紧的服装材料上，用服装材料形成熔孔所需的最低温度，或球体在服装材料上停留的时间来加以评定。烫法是将加热到一定温度的钢球落在服装材料试样上，经一定时间后，观察试样的烫痕来加以评定。

（2）阻燃性。服装材料的阻燃性是指服装材料是否容易燃烧和是否经得起燃烧两层含义。服装材料的阻燃性与纤维本身的燃烧性能有关，还与服装材料组织、厚度、重量、空气含有量有关。各种纤维的燃烧性能：纤维素纤维与腈纶易燃；羊毛、蚕丝、锦纶、涤纶、维纶等可燃；氯纶纤维（图 1-17）难燃；石棉（图 1-18）、玻璃等纤维不燃。通常而言将服装材料的阻燃性用极限氧指数（LOI）表示，即将材料点燃后在大气里维持燃烧所需要的最低含氧量的体积百分数。极限氧指数越大，表示服装材料越难以燃烧，耐热性能越好。

图 1-17　氯纶纤维

（二）服装材料的耐旋光性能

服装材料在使用和贮存中，由于

图 1-18　石棉

日光和大气等因素的综合作用会发生氧化，使性能逐渐恶化，强度降低，以致丧失使用价值，这种现象称为服装材料的"老化"。将服装材料抵抗气候作用的性能叫作耐气候性，而其中抵抗太阳光作用的性能叫作耐旋光性。耐旋光性对于经常在露天使用的服装而言是十分重要的。

服装材料的耐旋光性随纤维种类的不同而不同。在天然纤维和人造纤维中，羊毛和麻的耐旋光性是较好的；棉和黏胶纤维的耐旋光性较差；蚕丝的耐旋光性最差。在合成纤维中，腈纶的耐旋光性最好；涤纶的耐旋光性较好，接近羊毛；维纶的耐旋光性较差，与棉接近；锦纶的耐旋光性差，与蚕丝相近；丙纶和氯纶的耐旋光性最差。

各种纤维织造的服装材料，其耐旋光性差异决定了应用范围和条件的差异。因腈纶的耐旋光性很好，居各类纤维之首，因此可用作窗帘、床罩及旅游装、泳装等户外服装；涤纶服装材料的耐旋光性仅次于腈纶而优于其他纤维服装材料，适合于制作外衣服装；呢绒服装材料虽有较好的耐旋光性，但不宜长时间在日光下暴晒，否则会失去羊毛油润的光泽而泛黄，给人以陈旧干枯之感；丝绸和锦纶服装材料更是如此，因为日光中的紫外线对其有脆化、破坏作用，长时间暴晒，不仅使其色泽变黄，且强度显著下降，故这类服装材料不适宜做户外用装。大多数服装材料应在阴凉通风处阴干，这不仅有利于保持服装材料色泽的鲜艳，而且可以延长服装材料的使用寿命。

服装材料的耐旋光性，可用两种方法加以测试，即露天暴晒法和人工模拟试验法。露天暴晒法的优点是试验条件比较接近实际穿用的条件，缺点是试验周期长和试验结果的再现性差。人工模拟试验法为仪器试验法，其优点是空气的温湿度和辐射强度可以控制，试验的老化过程可以加速进行，试验结果较稳定，但也存在缺点，因仪器所用为人工光源，与日光的光谱分布有差别，故不同试验结果的可比性较差。实际使用中，可根据不同需要，分别采用不同方法测试，服装材料照射一定时间后，利用其强度损失的百分率来反映其耐旋光性的优劣程度。

（三）服装材料的耐化学药品性能

服装材料抵御各种化学药品的能力，称为服装材料的耐化学药品性，这一性能在服装的洗涤、除污垢、染色、漂炼等过程中有重要影响，因为在这些过程中，服装材料会遭受到不同程度的酸、碱及氧化剂、漂白剂等化学药品的作用。此外，经药品处理后的服装材料对人体皮肤健康也会产生一定的影响。因此，有必要对服装材料的耐化学药品性能加以考察研究。各类服装材料的耐药品性，可以从原料纤维的特性上来加以考虑。

（1）耐酸性。蛋白质纤维的耐酸性好于纤维素纤维的耐酸性，因此，羊毛和蚕丝纤维无论是在有机酸还是无机酸中都能使其质量不受或少受影响。一般情况下，弱酸或低浓度强酸在常温下对其不产生明显破坏作用，随着温度和浓度的提高，强酸对其破坏作用将相应增加。棉、麻和黏胶纤维的耐酸性相对较差，无论是强酸、弱酸，还是有机酸、无机酸都会不同程度地起破坏作用。棉纤维对盐酸、硫酸、硝酸等无机酸极不稳定，会与其作用而使纤维强度显著下降，一般有机酸对棉不发生作用；麻对酸的稳定性要强一些，热酸会使麻受到损伤，而冷浓酸则几乎不对麻发生作用。化纤中，丙纶和氯纶的耐酸性最好；涤纶的耐酸性良好，它们对无机酸和有机酸都有良好的稳定性；腈纶的耐酸性较强，对有机酸有一定的抵抗力，但在浓硫酸中会溶解；锦纶的耐酸性是合纤中最差的，各种浓酸都会使其分解；维纶则不耐强酸，易溶解。

（2）耐碱性。纤维素纤维的耐碱性好于蛋白质纤维。因此，棉、麻和黏胶纤维在常温下耐稀碱作用；而蚕丝和羊毛的耐碱性较弱，碱对它们有强烈的腐蚀作用，作用大小随碱液的浓度、温度的变化而变化，浓度越大，温度越高，其破坏力越强。化纤中，涤纶的耐碱性最差，它对弱碱有好的稳定性，而强碱会使其表面受腐蚀，部分表面脱落呈现凹凸不平现象；锦纶的耐碱性好于涤纶；腈纶在强碱液中会溶解；维纶、丙纶的耐碱性均较好；氯纶在室温下一般不受碱的影响。

了解了纤维的耐酸性、耐碱性，便不难领会各种服装材料在化学药品劳动环境中用作工作服的重要性。弱酸或低浓度强酸对羊毛纤维无显著的破坏作用，因此羊毛材料可在弱酸性染料中染色，且可作防酸工作服；而棉材料在碱液中的表现，可使其得到"丝光"处理；涤纶遇强碱的腐蚀作用，则被利用来制造涤纶烂花服装材料，应用服装材料的耐化学药品性可以加工出更多、更好、更有用的产品。

测试服装材料的耐酸碱性，一般使用在一定温度、一定浓度和一定 pH 值的溶液中其强度的下降程度或材料的重量、着色等性质的变化程度来表达。目前还没有统一的标准试验法。

（四）服装材料的染色性能

服装材料的染色性能是指服装材料对各种染料的上染难易程度和染色的鲜艳程度，它很大程度上取决于纤维原料的可染性。一般情况下，在天然纤维中，棉对染料具有良好的亲和力，染色容易，色谱齐全，色泽也比较鲜艳；麻的染色性能不如棉纤维，色泽单一，多给以漂白处理；蚕丝和羊毛的染色性能很好，可用多种染料上染，且色彩鲜艳柔和，色谱齐全。化纤中，黏胶纤维的染色性能很好，比棉更易上色；涤纶染色鲜艳；维纶染色后色泽不够鲜艳，与丙纶和氯纶一起归入染色性差的纤维。服装材料染色性能的优劣，可通过测定染料的上染率、染色后的染色牢度等加以掌握。

三、服装材料的美观性能

服装材料质量的好坏、性能的优劣，将对服装在穿着过程中的美观性能产生影响，即服装穿着使用后能否保持优良的外观形态。

（一）服装材料的尺寸稳定性

服装在生产和穿着过程中，会因各种因素的影响导致服装造型走样，这种变形不仅会影响服装的外观美，且会影响穿着者的情绪，因而必须加以克服，以保证服装尺寸稳定性。服装尺寸稳定性含有弹性变形、塑性变形、折皱变形、收缩变形等，这里主要讨论在服装和服装材料上最频繁发生的收缩变形的内容：服装材料的缩水性。

服装材料被水浸湿后会产生收缩，这种收缩叫作缩水，缩水的百分率叫作缩水率。服装无论是在加工过程中，还是穿着洗涤后都会面临缩水的问题。缩水和服装材料结构以及纤维、纱线的性能，加工条件等有关。分析原因可知：一方面与纤维的吸湿性有关，由于纤维吸湿后横向膨胀变大，使服装材料中经纬纱线的弯曲度增大，服装材料变厚，尺寸缩短；另一方面是由于在纺纱、织造、染整加工过程中，纤维受到一定程度机械外力作用而使纤维、纱线和服装材料有所伸长，致使留下潜在应变，当服装材料一旦浸入水中处于自由状态，则拉长部分会不同程度地回缩，出现缩水现象。

各种纤维缩水率是不一致的。一般亲水性纤维（天然纤维和人造纤维）缩水率大；疏水性纤维（合成纤维）缩水率小，甚至不缩水，如棉、黏胶纤维的缩水率大，而丙纶几乎不缩水。毛纤维缩水率大的原因，除与棉、黏胶纤维有相同之处外，还有一个重要的因素便是羊毛的缩绒性，为此在羊毛面料上采取了许多限制羊毛缩绒的防缩处理。

在相同服装材料规格条件下，黏胶纤维、棉、麻、丝绸等吸湿性好的服装材料的缩水率较大，因此在购买时要将缩水率加以考虑，且裁剪前进行预缩水或按比例放足缩率。合成纤维面料，尤其是涤纶、丙纶等吸湿性极小的服装材料，其缩水率很小，可忽略不计。但对于组织结构不同的服装材料，则结构稀疏松散、紧密度小的服装材料，需考虑缩水率，如女线呢（图1-19）、松结构花呢面料收缩率很大，针织面料的缩水率也较大，因此，这些服装材料不宜常洗，或需经防缩树脂整理。

图1-19　女线呢

服装材料缩水率的测试方法较多，按其处理条件和操作方法的不同可分成浸渍法和机械处理法两类：浸渍法常用的有温水浸渍法、沸水浸渍法、碱液浸渍法及浸透浸渍法等；机械处理法一般采用家用洗衣机处理。但从原理上讲，无论哪种测试方法其测试原理大同小异，测试指标相同，即测定服装材料缩水处理前后的尺寸变化，由此求得服装材料缩水率。

（二）服装材料的刚柔性与悬垂性

刚柔性是指服装材料的抗弯刚度和柔软度。抗弯刚度是指服装材料抵抗其弯曲形状变化的能力，常用于评价相反的特性——柔软度。服装材料刚柔性直接影响服装廓形与合身程度，一般内衣要求具有良好的柔软度，使穿着合体舒适，而外衣则要求具有一定的刚度，使形状挺括有形。影响服装材料刚柔性的因素包括纤维的弯曲性能、纱线的结构与服装材料的组织特性及后整理等。悬垂性指服装材料在自然悬垂状态下呈波浪屈曲的特性，它反映服装材料悬垂程度和悬垂形态。服装材料的悬垂性对于服装，尤其是裙装具有重要的作用和意义，因为悬垂性好的服装材料制成服装后能显示出平滑、均匀的轮廓曲面，给人以线条流畅的优美形态感觉（图1-20）。材料的悬垂性与其刚柔性和面料重量有很大关系，因此影响材料刚柔性的因素也同样作用于服装材料悬垂性。一般，抗弯刚度大的材料，悬垂性较差；纱质粗，重量大的材料，悬垂性也较差。

图1-20　悬垂性好的服装材料

纤维的初始模量是决定其弯曲性能的重要因素，一般初始模量越低，则纤维越柔软，其服装材料越适宜贴身穿。天然纤维中，羊毛的初始模量低，具有柔软的手感，麻的初始模量高，手感发硬，棉、蚕丝的初始模量处于两者之间，因此手感柔软程度中等。化纤中，除锦纶的初始模量较小，手感较柔软外，其余合成纤维的初始模量均高，手感较刚硬。

纤维刚柔性与实际使用中的服装材料刚柔性概念是一致的，棉、丝面料常用于做内衣和显示身体曲线美的服装，而麻、涤等服装材料适宜充当外衣面料。此外，服装材料的刚柔性还取决于组织交织点的多少及纱线的粗细、捻度的多少等，如三原组织服装材料的手感，以平纹最硬，斜纹次之，缎纹最柔软，而针织面料由于用纱捻度小，故其手感柔软于梭织物。实际应用中，应结合具体环境来选择合适刚柔性的服装材料。

评定服装材料刚柔性，国家标准规定了斜面法和心形法两种方法。斜面法是最简易的方法，用于评定厚型服装材料的硬挺度，采用弯曲长度、弯曲刚度与抗弯弹性模量指标，其值越大，服装材料越硬挺；心形法用于评定薄型和有卷边现象的服装材料的柔软度，采用悬垂高度为测试指标，其值越大，服装材料越柔软。

服装材料悬垂性的测试，常用伞式悬垂法，其测试原理是将一定面积的圆形服装材料试样置于一个直径较小的圆盘上，服装材料依靠自重沿小圆盘周围下垂呈均匀折叠形状，依靠从圆盘上方照射的平行光线得到服装材料折叠水平投影图。根据服装材料试样投影面积与小圆盘面积之差的比值计算出悬垂系数。国家标准采用了利用光电原理直接读数的悬垂性测定仪，得到的悬垂系数越小，表示服装材料悬垂性越好。

（三）服装材料的起毛、起球与勾丝性

服装在穿着和洗涤过程中，会经常受到揉搓和摩擦等外力作用，致使受力多的部位容易起毛、起球，而长纤维材料则易使纤维被引出或勾断露在服装材料表面上，形成勾丝现象（图 1-21）。服装材料的起毛、起球和勾丝现象不仅使服装的外观变差，且明显影响其内在质量和穿着服用性能。影响服装材料起毛、起球和勾丝的因素很多，有纤维性能、纱线、服装材料结构以及整理加工等。

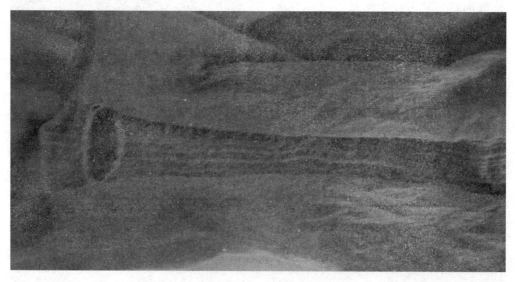

图 1-21　勾丝

人造纤维和天然纤维除羊毛外，由于强度低、耐磨性差，即使起毛后也不易结球，因此起毛、起球现象轻微；而合成纤维由于强度高，纤维无卷曲，其间抱合差，伸长能力大，加之耐磨性好，纤维易滑出服装材料表面，形成小球后不易脱落，因此，起毛、起球现象严重，尤其锦纶、涤纶、丙纶等服装材料更甚。纤维弹性的好坏，决定了其服装材料的抗勾丝性，一般弹性好的纤维，可利用本身的弹性来缓和外力的勾挂作用，其抗勾丝性良好。

不同纤维服装材料，其起毛、起球和勾丝性能各异，而对于相同纤维服装材料而言，这些性能也会产生差异，分析其原因一般有：纤维的长短、粗细及服装材料组织后整理等因素的影响。通常而言，细、短纤维服装材料比粗、长纤维服装材料易起毛、起球，结构紧密的服装材料比疏松的服装材料抗起毛、起球、抗勾丝性好，后整理加工可改善起毛、起球、勾丝现象，梭织物抗勾丝性好于针织材料，平纹服装材料抗起毛、起球、勾丝性好于斜纹和缎纹，短纤维的服装材料比长丝面料更耐勾丝。

服装材料或服装的起毛、起球、勾丝性能多采用对照标准样照的方法来评定。起毛、起球的评定方法，可将穿着一定时间的试样或者经起毛、起球仪，试验过的试样与原样对比评定，一般分5个等级，5级最好，基本上无起毛起球现象，1级最差，起毛、起球现象严重。服装材料勾丝的评定方法与起毛、起球相似，采用实物与标准样照对比定级，以5级最好，1级最差。

（四）服装材料的染色牢度

染色牢度是对染色、印花服装材料的质量要求。因为染过色的服装材料在穿着和保管中会因光、汗、摩擦、洗涤、熨烫等原因发生褪色或变色现象（图1-22），从而影响服装材料或服装的外观美感。染色状态变异的性质或程度可用染色牢度来表示。服装材料的染色牢度与纤维种类、纱线结构、服装材料组织、印染方法、染料种类及外界作用力大小有关。染色牢度主要分为以下方面：

图1-22 褪色或变色

（1）日晒牢度是指有颜色的服装材料受日光作用变色的程度，其测试方法既可采用日光照晒也可采用模拟日光机照晒，将照晒后的试样褪色程度与标准色样进行对比，分为8级，8级最好，1级最差。日晒牢度差的服装材料切忌在阳光下长时间暴晒，宜于放在通风处阴干。

（2）水洗或皂洗牢度是指染色服装材料经过洗涤液洗涤后色泽变化的程度。通常而言采用灰色分级样卡作为评定标准，即依靠原样和试样褪色后的色差来进行评判。洗涤牢度分为5个等级，5级最好，1级最差。洗涤牢度差的服装材料宜干洗，如果进行湿洗，则需加倍注意洗涤条件，如洗涤温度不能过高、时间不能过长等。

（3）摩擦牢度是指染色服装材料经过摩擦后的掉色程度，可分为干态摩擦和湿态摩擦。摩擦牢度以白布沾色程度作为评价原则，分为5级，1级最差，5级表示摩擦牢度越好。摩擦牢度差的服装材料使用寿命受到限制。

（4）汗渍牢度是指染色服装材料沾浸汗液后的掉色程度。汗渍牢度由于人工配制的汗液成分不尽相同，因而一般除单独测定外，还与其他色牢度结合起来考核。汗渍牢度分为5级，数值越大越好。

（5）熨烫牢度是指染色服装材料在熨烫时出现的变色或褪色程度，这种变色、褪色程度是以熨斗同时对其他服装材料的沾色来评定的。熨烫牢度分为5级，5级最好，1级最差。测试不同服装材料的熨烫牢度时，应选择好试验用熨斗温度。

（6）迁移牢度是指染色服装材料在存放中发生的颜色迁移现象的程度。热迁移牢度用灰色分级样卡评定，服装材料经干热压烫处理后的变色、褪色和白布沾色程度，共分5级，1级最差，5级最好。正常服装材料的染色牢度，一般要求达到3~4级才符合穿着需要。

四、服装材料的舒适性能

舒适性是服装材料的重要服用性能之一，即服装在穿着过程中对人体可否保持舒适感。与服装舒适性有关的性能有含气性、透气性、保暖性、吸湿性、透湿性等。

（一）服装材料的含气性

服装材料多为纤维制品，由于构成服装材料的纱线有弹力，因此在服装材料组织中有许多织眼，通常而言在这些织眼中有空气，纱线内部、纤维集合体间也都含有空气，这种性质称为服装材料的含气性，这些织眼、空间称为气孔。气孔的大小和有无，关系到服装材料的透气性、热传导性和湿润性等。影响服装材料含气性大小的因素有纤维种类、纱线粗细、纤维方向、组织种类、厚度、平方米重、后处理及缝制等。

不同种类的纤维所含气孔的形状和大小是有区别的，因此其含气性也会不同，反映在服装材料上，其保暖程度和通气性会有差别。一般，天然纤维的含气性好，合成纤维的含气性差，以毛纤维的含气性为最好。

含气性是纺织品优越的特性，一般毛呢服装材料的含气性很好，这是因为毛纤维含气性好，毛纱可织成多空隙服装材料结构，因而使服装材料中的空气含量大大增加，降低了热传导概率，提高了保暖防寒性，这也是冬季穿填絮料服装保暖的原因。

服装材料含气性的大小可用含气率表达，即一定体积中空气量的百分率来表示，含气率＝（$S-P$）/S×100%，其中，S 代表纤维密度（g/cm³），P 代表材料的纤维集合体表观密度（g/cm³），$P=FW/d$（g/cm³），FW 为服装材料平方厘米重（g/cm²），d 为服装材料厚度（cm）。由此可知，只要测得服装材料的平方米重、厚度、纤维比重，便可求得含气率。

（二）服装材料的透气性

透气性也是服装材料重要的舒适性指标，它是指当服装材料两侧存在一定的压力差时，空气透过服装材料的能力，它的作用在于排出衣服内积蓄的二氧化碳和水分，使新鲜空气透过。根据透气的大小，服装材料可分为易透气、难透气和不透气三种。影响服装材料透气性的主要因素有纤维的性质、服装材料组织结构及吸水作用。

一般天然纤维比化学纤维透气性好，天然纤维中，又以棉、麻、丝的透气性比较好，而羊毛的透气性稍差些。

服装材料的透气性不仅受纤维种类影响，还受服装材料结构特征的影响，因为透气性与气孔形态的关系甚大，服装材料组织中的织眼等直通气孔比不定型气孔（如纤维内部空隙、絮料裂纹等）更利于空气的透过。因此，服装材料密度大的厚型材料透气性较差，羊毛、呢绒等不规则气孔的制品透气性较差；反之，当羊毛制品吸水后，反而透气性下降较少，这是因为水分占据空隙后会使透气性下降，但羊毛由于弹性好且拒水，使空隙不易减少。

服装材料透气性采用服装材料透气仪测定服装材料在一定压力差条件下，单位时间内通过服装材料的空气量，以此求得透气性的好坏。

（三）服装材料的保暖性

保暖性是服装材料的重要性能之一，尤其冬季服装不可缺少，它是指服装材料在有温差存在的情况下，防止高温方向向低温方向传递热量的性能，常用反之的指标导热系数表示。服装材料之所以保暖，主要是服装材料内部含有的静止空气起作用，因为静止空气是最好的热绝缘体，导热系数很小，而纤维的种类对服装材料的保温性影响不大，因此影响服装材料保暖的关键因素是服装材料厚度。

纤维保温性取决于各种纤维的导热系数，导热系数越大，保暖性越差。空气和水的导热系数是两个极端，空气的导热系数最小，保暖性最好；水的导热系数最大，保暖性最差，所有服装材料吸湿后保暖性下降。

由纤维导热系数可知，天然纤维中羊毛和蚕丝的导热系数较小，理应保暖性好，但由于蚕丝缺少蓬松感，含气量少，它的保暖性远不及羊毛制品；而棉材料却因含气量大，故其保暖性很好；麻纤维的导热系数较上述三种纤维大且含气量少，因此散热快，适宜夏季服装。化纤中，除腈纶、氯纶、丙纶的保暖性好外，其余纤维的保暖性均较差，因此，腈纶、丙纶多用做絮填料，腈纶还有人造毛之称。当然，为了提高合成纤维服装材料的保暖性，增大其含气量，可将合成纤维制成中空纤维。此外，为了增加服装材料空气层的含量，增大其厚度，可将服装材料进行起绒或拉毛处理，或减少其捻度，增大蓬松性，这些都是冬季防寒服装选料的依据。

随着人们对服装性能要求的提高，近代测试手段的出现，目前已有很多测试方法可用于服装材料保暖性的测定，其中以模拟暖体假人试验最为先进，但由于该设备价格昂贵，至今未得到普及。目前广泛采用的是服装材料保暖性测试仪，使用纺织品保暖性能测试仪可测定服装材料的保暖性能，得到指标保暖率。测定时保持一定温度的加热面，用服装材料覆盖加热面后，维持一定温度所需的热量，与没有服装材料覆盖时，加热面维持同样温度所需的热量比较，从而利用下式求出保暖率：$W=(Q_1-Q_2)/Q_1\times100\%$，其中，$W$ 为保暖率，Q_1 代表未覆盖试样的加热面的热损失，Q_2 代表对同一加热面用试样覆盖后的热损失。

（四）服装材料的吸湿性、透湿性

吸湿性、透湿性是服装材料重要的舒适性指标。服装材料放置在大气中吸收水分的性能称为吸湿性。吸湿性主要取决于纤维的性质，但因纱线的加工方法或材料的织法不同，吸湿性也有不同程度的变化。透湿性（这里指透水性）是指水分穿过布层的性能。一般情况下，人体皮肤表面的湿度比外界空气高，所以人体皮肤表面的水分穿过布扩散到外界空气中，如果扩散不充分，就会产生不舒服的感觉。

各种纤维的结构成分不同，因此它们的吸湿性也不尽相同。天然纤维和人造纤维都是亲水性纤维，吸湿性好；合成纤维为疏水性纤维，吸湿性差；丙纶的吸湿性最差，几乎不吸湿。各种纤维吸湿性大小排序为：羊毛＞黏胶纤维＞麻＞丝＞棉＞维纶＞锦纶＞腈纶＞涤纶。

纤维的吸湿、透湿性决定了服装材料的用途。麻纤维由于吸湿散热快，接触冷感大，是理想的夏季衣料（图1-23）；合成纤维制品由于吸湿性差，穿着有闷热感，但其易洗快干，具有优良的洗可穿性（图1-24）；羊毛面料虽然吸湿性很好，但其放湿速度较慢，不适宜做夏装；弱捻纱服装材料比强捻纱蓬松、含气量大，因而吸湿性好；针织面料比梭织物吸湿好；起绒、起毛材料比一般服装材料吸湿好，棉起绒布适宜婴幼儿服装（图1-25）。

图1-24 合成纤维材料服装

图1-23 麻纤维材料服装

图1-25 棉起绒布材料服装

服装材料的吸湿性会影响其许多性能发生变化，如刚性下降、断裂伸长增加、导电性增大等，最重要的是影响穿着的舒适感，因此有必要测试其含湿量。服装材料吸湿性通常用回潮率和含水率指标表示。回潮率是指材料的湿重减干重与干重的比率；含水率是指湿重减干重与湿重的比率。可用烘箱法和电阻测湿仪分别得到回潮率与含水率。

服装材料的透湿性可用一定湿度（或蒸气压）差下，单位时间内穿过单位面积布的水汽量表示。采用服装材料透湿性试验机进行测量。透湿性的相反指标为防水性。因此，它在服装上或工业上均有其重要意义，既可用作雨衣、帐篷，又可用作滤布。

五、服装材料的卫生保健性能

卫生保健性能也是服装材料的重要服用性能之一，与卫生安全防护性有关的性能是防虫蛀性、防霉、防菌性及抗静电性和防污性等。

（一）服装材料的防霉、防菌、防蛀性
服装材料放置于潮湿的环境中会遭受微生物的侵蚀，而发生霉臭、变色、脆

化现象（图1-26），甚至导致厚度和重量减小。通常而言将服装材料抵抗微生物侵蚀破坏的能力称为防霉、防菌性；对羊毛材料则是抵抗虫蛀食（图1-27）的能力，称为防虫蛀性。服装材料的防霉菌、防虫蛀性与纤维的性质、纱线的捻度及服装材料后整理等有关。

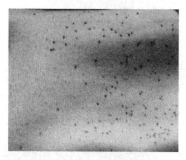

图1-26 霉菌夏虫

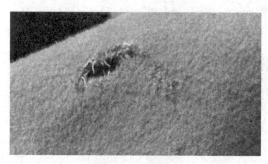

图1-27 虫蛀

纤维种类不同，其防霉菌侵蚀能力不同，易遭虫蛀食的程度也不一样。一般，天然纤维比化学纤维易遭霉菌侵蚀和虫蛀，棉和黏胶纤维等纤维素纤维易发霉变质，其服装材料需置于通风干燥处；羊毛和蚕丝等蛋白质纤维易被虫蛀食，尤其羊毛的蛀食程度更甚；耐纶、腈纶等纤维虽比羊毛蛀食要轻，但仍能观察到其服装材料被蛀食的情形。

羊毛制品易被虫蛀食是众所周知的，原因是羊毛的蛋白质不耐虫蛀引起的。除纤维因素外，服装材料的防微生物性主要取决于纱线的紧密程度和后整理加工。纱线越细，加捻越多，纤维抱合越紧，则纱线表面的茸毛减少，妨碍蛀虫将纤维抽出蛀食；后整理加工的影响也不可忽视，服装材料整理剂多具有杀菌作用，可提高服装材料的防微生物性，尤其对某些要求特殊场合使用的服装材料，可实行防霉、防菌、防臭、防蛀等特殊整理。

通常认为表示纺织品抗腐、防霉、防蛀特性的最可靠和关键的试验，是将服装材料完全显露在将被使用的气候环境中，但这种试验方法处理时间很长，不能很快得到结论，因此，实际使用中，常用生物测试和化学测试两种方法来代之评估。传统的生物测试方法是在有控制的条件下，将需测试的纺织品试样与经挑选的虫蛀、霉变、菌破坏试样接触，然后评定测试试样所遭受的损伤程度，如测定试样的失重、强度的损失、目测蛀洞大小及服装材料受霉变色情况等。化学方法可测定服装材料上存在的防蛀、防霉剂的含量，因此很适合于防霉、防虫处理的服装材料。

（二）服装材料的带电性

服装材料在受摩擦时会产生静电现象，造成服装吸附灰尘、缠身、作响等缺点，使穿着不舒适、不雅观，因此带电性也属于服装卫生保健性能之一。服装材料的带电性与纤维种类关系很大，此外受服装材料后整理加工的影响也很大。

纤维的电学性能，包括导电性和静电性两方面，这两方面是相互联系的，导电性大的纤维，不易积累静电，静电现象不严重，反之亦然。一般，纤维素纤维的静电现象不明显，羊毛或蚕丝有一定的静电干扰，而合成纤维和醋酯纤维的静电现象严重。

各种服装材料的带电性受其纤维原料的支配，因此，会有羊毛制品和合纤衣料在穿脱时产生静电火花现象，即静电积累严重。为了克服和消除静电干扰，出现了各种防静电整理，即对羊毛或合成纤维制品进行亲水性、加入金属纤维或导电纤维等加工整理，从而使服装材料的导电性加强，产生良好的抗静电作用。

测定服装材料带电性主要有摩擦式及感应式两类静电仪器，这两类静电仪器都可测得试样上的电荷或静电压及半衰期，以此反映服装材料的静电特性，常用的仪器有感应式静电衰减测量仪、静电电位计、旋转静电试验机、法拉第筒静电电压测试装置及测试脚踏地毯静电电位的人体电位测定装置等。只有确实掌握了服装材料的带电性能，才能够达到生活服装材料对消除静电干扰、不被尘埃污染和卫生舒适性的要求。

六、服装材料的缝纫加工性能

服装材料的服用性能还应包括缝纫加工性，即布料在缝制各工序中的使用特性、其操作的难易程度、可缝性能以及缝制品的外观美观状态等。只有缝纫加工性满足要求的布料，才能称得上具有良好的服用性能。

（一）服装材料的使用性

布料为满足缝纫加工的需要，应具备一定的基本性能，如伸长性、润滑性、熔融黏着性及防止绷裂的张力等，这些基本性能决定于服装材料本身的物理机械性能。

（1）延长性。延长性主要是指服装材料的伸长率，急、缓弹性回复率。由于针织物面料属伸缩性大的布料，铺开后大多要自行收缩，这是造成缝制时难以处理、针脚部分呈平直式波纹形状的原因。假如用普通缝线缝制，则缝线易于断裂和出现缩线，因此应采用具有伸缩性的耐扭缝线。

（2）脱缝现象。针织面料特别是平针织面料、罗纹针织物面料、双面针织物面料等，在缝制或穿着时，如在接缝合裁口附近加上张力，便会产生脱缝现象。脱缝现象不仅妨碍了缝制操作，且影响服装的穿着使用效果，因此须考虑如何避免，它可用强力机进行检测和评价。

（3）布料的润滑性。布料的润滑性是机织布料使用性好坏的一个重要因素。因为在铺料、裁剪及缝制过程中，布料往往因其润滑过度或过薄而产生移位现象。影响布料润滑性的直接因素是服装材料的摩擦性能，摩擦系数大的服装材料，其移位现象减轻，因而缝制容易，便于缝纫加工。

（4）熔融黏着。布料的熔融黏着性对于裁剪是必要的，可使多层布料裁剪时不走位，起到准确定位的作用。熔融黏着本质上取决于纤维的熔点，合成纤维和纤维素纤维混纺的针织物面料和梭织物，由于混纺率不同或组织结构、厚度不同，其熔融黏着的状态也不同。熔融黏着以裁剪时的实际黏着程度进行视觉评价。

（二）服装材料的可缝性

可缝性是服装材料缝纫加工性优劣的一个综合评定指标，它包括布料的缝平程度、缝纫的缝迹好坏及断裂程度。

布料的缝皱性是指服装材料用机器缝纫时在针脚旁边所产生的波纹程度，它在很大程度上取决于布料的特点，影响服装的外观及服用性。一般用缝纫率和视觉评级进行评定。

用机器缝制衣料时，因服装材料关系，机器针常将布面纱线切断，造成缝迹质量变差，衣物耐用性下降，缝纫效率受损，因此需对缝制服装材料进行底线切断的评价。具体评价方法是：将缝好的两块重叠服装材料试样从中间拂开，用手搓揉接缝，然后数读一定长度内底线切断数，用单位针脚数的底线切断发生率表示。在针织物面料中，还有采用没有缝线通过的空缝后用放大镜测定其底线切断数的方法。

（三）服装材料的熨烫性

服装材料在缝制过程中要进行多次、多部位处的熨烫，以期达到成品外观平挺、有形、合身的目的。因此，服装材料的熨烫性便成为缝纫加工性能的一个重要方面。服装材料的熨烫性包括热收缩、折缝效果及外观变化情况。

（1）热收缩。服装材料的热收缩是评定服装材料受热压烫后的形态破坏情况，它可提供服装材料收缩后尺寸变化数据，为缝纫裁剪符合规定尺寸需放多少余量做好准备并提供保证。一般测定服装材料湿热压烫收缩率和汽蒸收缩率两项指标。

（2）折缝效果。折缝效果是指服装材料在缝制工程中的压烫或缝制后的压烫整理的折缝效果，一方面取决于布料在缝制中的操作技能（影响美观效果）；另一方面取决于纤维原料，纤维原料不同，折缝效果的保持性能也不同。一般，天然纤维易熨烫，但折缝效果保持性差，而化纤难熨烫，但折缝效果保持性好。对其进行评价的方法是，将服装材料按规定条件折缝后再用目光进行评定，然后从中切取小块折缝用折皱仪测定其角度。折缝效果计算公式：折缝效果（%）=100-折皱角度/（180-100）×100。

（3）外观变化。外观变化主要评价经熨斗压烫后服装材料出现的极光（因服装材料结构被压扁的光泽增大现象）、缝份平整程度（缝份外表面压烫后的平整现象）和弯曲硬度变化（由熨烫处理引起的弯曲性能和硬度为主的风格变化），这些变化将直接影响服装的外观穿着效果和使用价值，应给予重视。服装材料熨烫后的外观变化容易出现在针织物面料，以原料论，则易出现于丙纶等对热敏感的纤维服装材料。评价方法：用目光观察缝份反面的光泽变化和缝份平整状况，通过测定弯曲硬度和弯曲回复率得到弯曲硬度变化率。另外，对缝纫加工性的评价，还应包括接缝强度、接缝不齐程度等指标的测试。

课后习题

1. 可用于制作服装的材料具有什么样的特征？
2. 服装材料的化学性能包括哪几个方面？

第二章

面料概述

一、布料的分类

布料是平面状（片状）的织布制品，是梭织布、针织布、无纺布等的总称，主要用来制作服装、室内装饰等产品。

作为服装素材使用的布料可以分为三类：用线制作的类型；直接用纤维制作的类型；将布料黏合或压膜等复合制作的类型。

（一）用线制作的类型

将纤维制成线之后可以做成的织物如下：

（1）平织物——将线横竖90°直角组合在一起（图2-1）。

（2）针织物——将线沿横竖方向环状勾连起来（图2-2）。

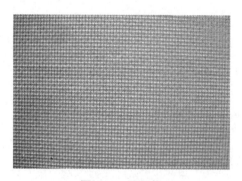

图2-1　平织物　　　　　　　　　　　图2-2　针织物

（3）斜纱织物——把丝线斜着组合的织物（图2-3）。

（4）蕾丝——用丝线缠绕、组合、刺绣等来表现透明花纹的东西（图2-4）。

（5）网——将线缠绕、打结、捻制的网状面料（图2-5）。

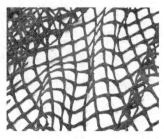

图2-3　斜纱织物　　　　　图2-4　蕾丝　　　　　　图2-5　网

（二）直接用纤维制作的类型

纤维可以直接制成无纺布（图2-6）、毛毡（图2-7）、纸布（图2-8）等，这几种都是直接将纤维和纤维用各种各样的方法结合在一起形成的布。

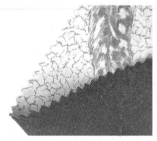

图2-6　无纺布　　　　　　图2-7　毛毡　　　　　　图2-8　纸布

（三）将布料黏合或压膜等复合制作的类型

在基布上涂上树脂，或压上薄膜，制成涂层面料（图2-9）、压层织物（图2-10）或人造革（图2-11）等。

图2-9　涂层面料　　　　　图2-10　压层织物　　　　图2-11　人造革

二、梭织物

所谓梭织物，是指将竖线和横线几乎呈直角交错而成的平面形状。根据交错状态、线的种类、形状和性能，织物的外观、性质也会有所不同。

（一）梭织物的历史与发展

梭织物开始被制造出来的详细时间尚无定论，但一般认为早在公元前，世界各地就已经出现了梭织物。在中国浙江吴兴钱山漾遗址中，出土了一批距今 4 700 年前的丝带、丝帛等织物，在印度和墨西哥出土了棉织品。

最初，梭织物是用最简单的织法（平织）制成的，但随着织法的不断改进，加上染色，织造出了多种多样的织物，与此同时，织布机的开发也得到了发展。这些可以从遗址出土的文物和壁画中窥见（图 2-12）。

图 2-12　中国古老的织布机

梭织物经历从原料、素材的发现，到织法、用具的改进和开发，再到机械化、电算化等织造技术的进步和发展，才得以发展至今，但无论哪个时代都创造出了与人类生活密切相关的美丽布料。

（二）梭织品的制造

为了制造梭织品，经线和纬线需要经过不同的工序来准备。经线要按照规定的长度和数量缠在横梁上，安装在织布机上，纬线缠在管子上，装进梭子里，做好充分的准备后才开始织制。

1.上浆

经线在制织过程中受到很强的拉力和摩擦，为了保护经线，也为了进一步提高制织效率，在线上添加胶水。胶水要选择适合线的，渗透附着。

2.整经

将织物宽度所需的经线的总根数按照所需的长度正确地排列好，以均等的张力缠绕在机器上。

3. 导入

根据面料的组织结构，将准备好的纬线按顺序正确地通过机器，做好制织的准备。

4. 卷管

为方便梭子内收纳线，线按照容易松开的状态缠在管上。

5. 织造

梭子带动纬线从准备好的经线之间穿过，进行连续的编织。

梭织物的组织结构有很多种，从简单的到复杂的都有，所以织布需要各种各样的机器和设备。比较简单的有平织布、斜纹布及其变化结构，更复杂的花纹图案、特殊的结构通常要通过设置提花装置来织制。

6. 染色

对散毛、线等织制前工序中的某一种状态进行染色，使用这种染完色的线制造的织物被称为先染织物。先染布能表现先染特有的花色和深度，提高特有的纺织品设计效果。另外，即使是先染也可以表现单色。

与此相对，在制织后进行染色的织物被称为后染织物，可以进行单色染色和印花。另外，如果是混用了两种以上不同纤维的织物，根据染色性的不同，异色效果可以通过后染表现出来。

7. 检验

针对织好的织物是否有脱线、污垢、结构差异、色斑等其他缺点，对织物进行全长检查。经过以上各道工序织成的织物，在此过程中还要进行各种加工，使之符合织造目的。

（三）织物的选择

要构成服装，必须选择适合其设计和用途的布料。近些年，经过纤维制成纱线再按照不同的组织形式，加工成面料的一系列工序，各种不同质感和质地的织物进入了市场。

1. 纺织品的素材感（立体感、平面感）与服装设计、制作上的关系

（1）立体感的材料，如灯芯绒、泡泡纱等有表面效果的织物。因为素材本身有变化，用清爽的设计表现素材的本来效果，不破坏面料本身立体感的设计为好。

（2）平面感的材料，如丝绸、棉等缺乏表面效果的织物。用分割线或抽褶等方法制造立体效果会更具特色。另外，在不违背布料本身特性的情况下使用为最佳。例如，柔软的织物，适合设计出与身体搭配的具有柔软线条的服装款式等。

另外，不要像以前那样拘泥于夏天穿棉、麻，冬天穿毛的成见，不管原料是什么，重要的是抓住成品织物的手感，表现出适合的设计。不受固有思维局限，

凭感觉把握素材进行设计，是今后新的设计方向。

为了制作出既美观又舒适的服装，在技术上需要考虑各种各样的因素，但最基本的是熟悉材料，并正确处理。这一点不仅适用设计，还适用裁剪和缝制。

2. 购买、选择织物时的标准

（1）确认纤维的组成成分。

（2）要注意是否有斑点、划痕等，特别是薄料子。

（3）纯色染色时，是否染匀。

（4）印刷物品的情况下，是否有花纹变形、颜色渗出等。

（5）有颜色花纹的物品在太阳光、白炽灯等不同光线的作用下，颜色看起来各不相同，这一点要注意。

（6）带绒毛的产品，绒毛是否均匀，另外，用手按压一下，确认绒毛的可恢复性。

（7）确认手感、皱褶程度。

3. 区分织物表里的方法

在缝制服装时，织物的表里往往很难分辨。在这种情况下，可以根据哪种方法更适合该服装的设计和用途来决定。也有特意将背面用作正面，达到一种设计效果的情况。能够很容易地判断一般面料的表里（正反）的方法如下：

（1）平滑而有光泽的面基本上是正面。

（2）图案、印花等花色清晰的一面是正面。

（3）出现很多经线的那一面是表面。例如，牛仔的经线用蓝线，纬线用白线，所以看起来深的一面是正面。

（4）斜纹织物，可以清晰地看到斜纹的一面是正面。

（5）绸缎面料，有光泽的一面是表面。

（6）精加工一般是单面加工，所以加工的表面是正面。特别是在抛光加工、载波加工等，表里的区别非常明显。

（7）布边部分和衣料的一端，有厂家商标的一面是正面。

（8）包装状态的衣料，展开时内侧是正面。

（9）双幅的布料，沿竖着的方向对折，朝里卷起来的一面是正面。

4. 织物的经纬纱（线）区分方法

织物有经线、纬线的区分。在制作服装时，一般以经线为基准，但也有针对特殊设计效果使用纬线的。因此，掌握织物本身的经纬方向是很重要的，下面介绍区分方法。

（1）如果织物上有布边，那么布边的延长方向就是经线方向。

（2）线密度多的方向和密度均匀的方向是经线方向。

（3）一方是多股线（双线等）而另一方是单股线的情况下，使用多股线的方向就是经线方向。

（4）经线方向使用细的线、捻数多的线、纤维比较长的线。

（5）透过织物看，线眼笔直的是经线。

（6）如果能明确区分浆过的线和没浆过的线，经线用的是浆过的线。

（7）带绒毛的织物中，顺毛的方向就是经线。

（四）织物的规格

织物是由纤维、线、梭织结构、加工方式等组合而成的，通过设计可以制成各种类型的织物。设计、生产出来的纺织品必须具有复合特性，并以一定的标准来表现。其复合特性可分为强度、软硬度等物理性的，污渍等缺点性的，以及织物的长度、宽度、密度等是否符合事先规定的规格性的。以下对规格进行说明。

（1）长度。所谓长度，是指经线的总长度，也就是一匹布的总长度，每个国家生产的布匹长度都有自己的标准。

（2）幅度。所谓幅度，是指总宽度（左右两布边之间的长度，不包括布边宽度）。另外，在机织状态下的幅度称为织幅，加工完成后的幅度称为完成幅度。

在我国，90 cm 幅度的织物称为窄幅织物，150 cm 幅度的织物称为宽幅织物。

织物的宽度两端各有全长 0.5~1 cm 的加强的部分，被称为织物的"边"。布边在织制、染色、完成、整理的各个环节中，经常被拉出不同的幅度，具有加强的意义和保持纺织品外观美丽稳定的作用。布边的形态根据织布机的种类等而不同，也有在布边上标明商标、制造商名、纤维的组成等。

（3）密度。密度是指织物的一定单位长度（1 in=2.54 cm 左右、1 cm 左右、10 cm 左右）的线的根数。

（4）克重。面料的克重一般为 1 m^2 面料重量的克数，克重是针织面料的一个重要的技术指标，粗纺毛呢通常也把克重作为重要的技术指标。牛仔面料的克重一般用"盎司"（OZ）来表达，即每平方米面料重量的盎司数，如 7 盎司、12 盎司牛仔布等。

（五）织物组织的结构及特点

根据组织的基本结构差异，将组织的种类进行分类。

1. 单一组织结构

（1）三原组织结构（图 2-13）。在各种组织中，最基本的构成织物组织基础的结构称为原组织，有平织、斜纹织（绫织）、缎纹织三种，称为织物的三原组织（三原结构）。三原结构在各种梭织组织中是应用最广泛的结构。

平织的组织结构中，无论是经线还是纬线都要与相邻的线分开，所以形成了缝隙较多的织物，斜纹织和缎纹织由于相邻的多条线相互靠近，形成了缝隙较少的厚织物。

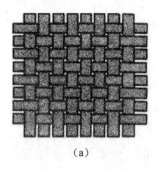 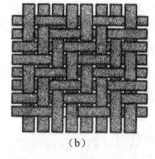 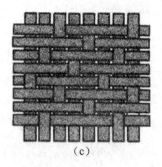

（a） （b） （c）

图 2-13 三原组织结构

（a）平纹组织；（b）斜纹组织；（c）缎纹组织

综上所述，经线、纬线交错次数多的织物，一般缝隙多，质地较薄；交错次数少的织物，缝隙少，质地较厚。

1）平织布是梭织品最基本的组织，也是最坚固的组织。因为所有的经线和纬线各 1 根交替上下改变位置交错着，线相互的束缚性很强，成为极为结实的布。但是线的交错结构很难制造厚布料，只能制造缝隙多的织物。如图 2-14 所示为提花平纹面料。

2）斜纹织布（图 2-15）。斜纹织的完整结构是由 3 条以上的经线、纬线构成的，这种斜线被称为斜纹线或绫线。斜纹线在右上行有斜纹线的叫正斜纹（右绫）；在左上行有斜纹线的叫反斜纹（左绫）。斜纹线的表现形式有表里相同的也有表里不同的。

斜纹织的特征是种类极多，与平织相比，因为经线和纬线的交错次数少，所以质地虽然很厚，却很柔软。并且通过配置斜纹线的颜色能表现出有特征的图案。

3）缎纹织布（图 2-16）。缎纹织是由 5 根以上的经线和纬线组成，其交错点上下左右都不相邻，形成有规律地跳跃的结构。因为线相互的束缚少，面料虽然有垂感，但是抗拉伸和摩擦强度弱，折痕和褶皱明显，所以不适合做实用的服装。

图 2-14 提花平纹面料　　图 2-15 斜纹织布　　图 2-16 缎纹织布

（2）变化组织结构。在三原组织结构的基础上发生变化的组织结构称为变化组织结构。

变化平织有棱纹织等；变化斜纹织有急斜纹织、破斜纹织（图2-17）等；缎背华达呢等织物常采用缎纹变化组织。

（3）联合组织结构（图2-18）。联合组织结构是指将三原结构及变化结构等组合起来的组织结构。不同组织结构之间的界限非常明显，设计效果非常显著。

（4）特别组织结构。特别组织结构不属于前面提到的任何组织如蜂巢织（图2-19）等。这种组织的织物表面展现出独特的纹理效果，触感也很特别。

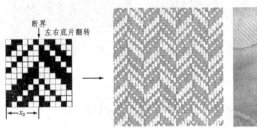
图2-17 变化斜纹织

图2-18 联合组织结构

图2-19 蜂巢织

2.重叠组织结构

重叠组织结构是指将经线和纬线中的某一方的线分为正面用或背面用，或经线和纬线都分为正面用和背面用，形成像两片或更多的布重叠一样织成的结构。

经线是一种，纬线是用正面纬线和背面纬线这两种材料制成的厚织物，或用彩色线制成表里异色织物的组织称为纬线双层组织（图2-20）。经线用表经线和里经线两种，纬线用一种制成的组织称为经线双层组织。另外，经线和纬线同时作为正面用和背面用的线制作的结构叫作经纬双层组织。

重叠组织结构可以增加重叠，形成三重组织、多重组织，加厚织物，在不同组织中分别使用不同颜色的线，使面料两面形成不同颜色，用途范围很广。

图2-20 表里异色织物

3. 添毛组织结构

所谓添毛组织结构，是指在织物的单面或双面编织有毛绒的结构。这种组织结构分为两种，一种是经线起绒结构，另一种是纬线起绒结构。

平绒（图2-21）、灯芯绒（图2-22）属于纬线起绒结构，丝绒（图2-23）属于经线起绒结构。

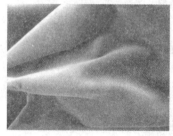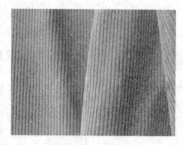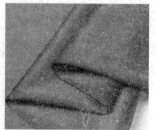

图 2-21　平绒　　　　　图 2-22　灯芯绒　　　　　图 2-23　丝绒

毛巾也是纬线起绒结构，用配备了特殊装置的毛巾织布机织成。

4. 纱罗组织

纱罗组织是两根经线交换左右位置，保持纠缠的状态，使之与纬线交错的组织结构。因此，在织布机上借助特殊的绞综装置和穿综方法交织而成。绞经有时在地经的左方与纬纱交织，有时又在地经的右方与纬纱交织。由于绞经左右绞转，在绞转处的纬纱间有较大的空隙而形成绞孔，穿着的感觉和外观上也富有清凉感，作为夏天的服装素材最合适。

纱罗组织是纱组织和罗组织的总称。当绞经每改变一次左右位置仅织入一根纬纱时，称为纱组织。当绞经每改变一次左右位置织入三根或三根以上奇数纬纱时，称为罗组织。部分夏令衣料、窗帘、蚊帐等织物均采用纱罗组织织制（图2-24至图2-26）。

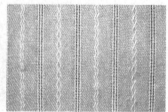

图 2-24　纱罗组织（一）　　　图 2-25　纱罗组织（二）　　　图 2-26　纱罗组织（三）

5. 纹样组织

纹样组织是将各种组织组合起来织出纹样（花纹）的结构。为了织出纹样，需要使用提花织机。

一个完整的纹样组织，一般需要数10根到1 000根以上的经线。虽然能织出如此复杂的纹样，但为了使如此多的经线根据需要上下浮动，与纺线交错，织机中必须配备提花装置。

提花装置是根据纹样组合，将组织结构记录在纹样纸上，根据纹样纸、通线的指示对一根根线进行上下操作，使之织出纹样的机械装置。

用织布机织成的纹样从里到外无论多么复杂的图案都能织出来。这种织物被称为提花织物（图2-27）。

图2-27　提花织物

6.其他特殊组织结构

前面提到的组织结构，是现在被广泛使用的梭织品组织，但是工业生产的梭织品，组织是有局限性的。如果通过精心设计，不考虑时间地编织，织物的组织结构种类就会接近无限。例如织锦（图2-28）、戈贝兰织等。

图2-28　织锦

（六）按梭织品名称分类

梭织品的名称，根据各种各样的由来和语言来称呼并普及的例子有很多，但是随着时代的变迁、新材料的开发、加工技术的进步，在漫长的岁月中也有不少是由原来的名称演变而来的。

1.按梭织品的原料分类

（1）棉，如棉织品、棉布等。

（2）麻，如麻织物、亚麻织物、苎麻织物等。

（3）毛，如毛织物、毛料、羊毛织物等。

（4）丝，如丝织品、生绢、揉绢、丝绸纺织物等。

（5）化学纤维，如化学纤维织物、合纤织物、化合纤织物、人造丝织物、聚酯织物等。

（6）其他，如单混纺织物、交织布、弹力织物等。

2.按织物宽度的名称分类

窄幅织物、宽幅织物、单幅织物、双幅织物等。

3. 按用途分类的名称

西服面料、女装面料、大衣面料、衬衫面料、窗帘面料、领带面料、和服面料等。

4. 按组织分类的名称

平纹织物、斜纹织物（绫织物）、缎织物、重叠织物、绒毛织物、纱罗织物、纹样织物等。

5. 按染色分类的名称

先染织物、后染织物、印花布料、素色织物等。

（七）纺织品的评估和选定

在被称为材料时代的今天，服装商品企划中纺织品的评估和选定是非常重要的。纺织品需要经过组织、染色、加工一系列工序才能最终制成。因此，对纺织品的评价不仅要考虑各种纤维所具有的特性和品质功能等要素，还要考虑流行趋势等。一般对织物的评价，会从手感、材质的角度进行分类。

三、针织面料

针织面料是编织物的总称，针织面料即是利用织针将纱线弯曲成圈并相互串套而形成的织物。针织面料与梭织面料的不同之处在于纱线在织物中的形态不同。针织分为纬编和经编，针织面料广泛应用于服装面料及里料、家纺等产品中，受到广大消费者的喜爱。

（一）针织衫的发展

1589 年，在手工针织衫繁荣的英国，威廉·李（William Lee）发明了编织袜子的机器，开始了今天的针织机械化历史。在此之后，人们开发了许多编织机。此后，针织产业得到了长足的发展，如合成纤维的开发和应用，针织产品的质量也有了明显的提高；机械、电子产业的发展进一步促进了编织种类和花样的开发；消费者收入的增加，生活方式的西式化以及消费者需求的多样化热潮都大大促进了针织衫产业的发展。

（二）针织衫的性质

将针织衫的性质与梭织物进行比较，基本上可以列举如下：

（1）伸缩性大，容易贴合身体。

（2）柔软不易起皱。

（3）具有保暖性和通气性。

（4）尺寸稳定性差，容易变形。

（5）裁剪缝制难。

四、其他布料

（一）蕾丝

蕾丝是指将线缠绕、组合、编织而成的透明花纹，或在基布上用刺绣等工艺制成的透明花纹的布料。

由于透气性强，既美观又凉快，所以经常被用于夏季女装、正式礼服的装饰等附属品，以及窗帘等的室内装饰。

蕾丝大致可分为机织蕾丝（图 2-29）和手工艺蕾丝（图 2-30）。

图 2-29　机织蕾丝

图 2-30　手工艺蕾丝

1. 刺绣蕾丝

刺绣蕾丝是在衬布上刺绣制成的蕾丝的总称，在透面部分和地面部分制作花纹和花边等。

（1）绣花蕾丝（图 2-31）。绣花蕾丝是在剪下的衬布周围围绣上透明花纹的蕾丝，一般是指除水溶蕾丝外，保留了基布的蕾丝。

（2）水溶蕾丝（图 2-32）。水溶蕾丝是指在基布上完成刺绣后，把基布溶化，只留有刺绣部分的蕾丝。基布一般使用水溶性的聚乙烯醇材质。

图 2-31　绣花蕾丝

图 2-32　水溶蕾丝

2. 编织蕾丝

编织蕾丝主要是使用蕾丝编织机等编织出来的蕾丝。

（1）拉舍尔蕾丝（图 2-33）。拉舍尔蕾丝是指用拉舍尔蕾丝编织机制作的蕾丝，形成复杂的蕾丝图案。

（2）列维斯蕾丝（图2-34）。列维斯蕾丝是指用列维斯蕾丝机制作的蕾丝面料。

（3）薄纱蕾丝（图2-35）。薄纱蕾丝是指在薄纱上刺绣的蕾丝面料。

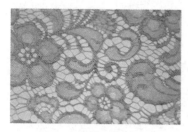

图2-33　拉舍尔蕾丝　　　　图2-34　列维斯蕾丝　　　　图2-35　薄纱蕾丝

3. 蕾丝花边

（1）列维斯花边（图2-36）。列维斯花边是用列维斯蕾丝机制作的纤细而优美的蕾丝花边。

（2）镶边花边（图2-37）。镶边花边是指用绳子圈成图案制作的花边。

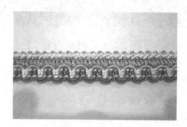

图2-36　列维斯花边　　　　　　图2-37　镶边花边

（二）网状面料

网状面料种类繁多，棉、丝绸、人造丝、醋酸酯、尼龙、聚酯等材料都可以制作网状面料。

常用的网状面料有以下两种。

1. 渔网面料

渔网面料（图2-38）是用绳结连接做成的菱形孔且粗糙的网状面料。

2. 薄纱网状面料

薄纱网状面料（图2-39）是一种网眼细小的网状面料，通常用丝或棉等纤维捻制而成，近些年也经常使用尼龙作为原材料。

图2-38　渔网面料　　　　　　图2-39　薄纱网状面料

（三）织带

织带是将线大致 45°方向相互交错，分为平面的平打织带（图 2-40）和立体感强的圆打织带（图 2-41）。宽度较窄的也被用作绳。按用途可分为松紧带（图 2-42）、细绦带、外褂绳等。

图 2-40　平打织带

图 2-41　圆打织带

图 2-42　松紧带

（四）毛毡布

毛毡布（图 2-43）是用羊毛或其他纤维受热，经缩绒、压缩而制成的高密度厚的布料。毛毡布保暖性好，富有弹性，但是，不抗拉伸和摩擦，没有伸缩性。毛毡布除用于帽子、手工艺材料外，还被用于夹克、裙子等材料。

（五）无纺布

无纺布（图 2-44）是指将纤维经过特殊处理（加热，放入药品、溶剂等）之后，接合或缠绕而成的不织布。其特点是尺寸稳定性好，形态保持性好，易于加工，所以经常被用于制作垫布。除服装外，还用于清洁用的一次性湿巾、纸巾等。

（六）粘合布

粘合布（图 2-45）是使用粘合剂等将表布和里布联结在一起的布料，能够加固粗糙、脆弱的布料，提高实用性。粘合布具有尺寸稳定性，裁剪和缝制简单，制作容易等特点。根据需要也可以做成双面的使用。

图 2-43　毛毡布

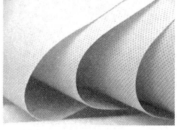

图 2-44　无纺布

图 2-45　粘合布

（七）涂层加工布

涂层加工布（图 2-46）是在布料上涂上油、树脂等原料，赋予了防水性等各种各样的功能和时尚性。

（八）烫花加工布

图 2-47 所示是经过烫花加工的面料，触摸时无花纹处为平地，有花纹处凸起，具有一定的上佳感和高级感。

（九）绗缝面料

绗缝面料（图 2-48）是指夹着由纤维组成的填充物（或填充棉）层，用绗缝固定夹层而形成的面料。由于其具有轻便、防寒、保温的效果，从室外服装到室内装饰都广泛使用。

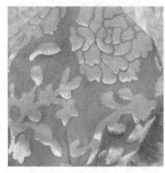

图 2-46　涂层加工布　　　　图 2-47　烫花加工布　　　　图 2-48　绗缝面料

课后习题

1. 简述针织物与梭织物的区别。

2. 什么是三原组织？

3. 什么是变化斜纹组织？

第三章

常用于服表的服装面料

一、毛织物

毛面料有羊毛、兔毛、驼毛等。精纺毛料是以纯净的羊毛为主，也可混用一定比例的化学纤维或其他天然纤维，经精梳设备工艺加工，通过多次梳理，并合、牵伸、纺纱、织造、染整而制成的高档服装面料。它具有动物兽毛所特有的柔软性、缩绒性、抗皱性及保暖性。精纺毛织品面料制作的服装，坚牢耐穿，长时间不变形，因无极光而显得格外的庄重，外观高雅、挺括，触感丰满，风格典雅。毛料主要分为华达呢、哗叽、花呢、贡丝呢等。

（一）毛织物介绍

毛织物是以羊毛、兔毛等动物绒毛为原料或以羊毛与其他纤维混纺、交织的，经现代纺纱工艺技术制作而成的各种毛料和毛纱纺织品，又称呢绒。现代纤维艺术最常用的材料就是动物毛纤维。因为毛纤维细软而富有弹性，有"缩绒"的特性，并且强韧、耐磨，是非常理想的编织材料，作为艺术观赏品具有极好的表现力（图 3-1）。

图 3-1　毛类面料

毛织物主要为衣着使用，少量为工业使用。毛织物可简单分为精纺呢绒、粗纺呢绒和长毛绒三类。毛织物的优点是坚固耐磨、质地厚实、保暖、有弹性、抗皱、不易褪色等。其缺点是有比较严重的毡化反应（易缩水），容易被虫蛀，经常摩擦会起球；长期置于强光下会令其组织受损，耐热性差等。毛类面料优劣主要由毛料纯度、毛料原料来源、毛料纤细度、手感等方面决定。

（二）羊毛的特性

秦汉时期，我国毛织技术已经相当成熟。位于新疆维吾尔自治区民丰县的尼雅遗址出土了东汉时期的毛织品，织物图案有人兽葡萄纹双层平纹、龟甲四瓣花纹、毛织带等，均为羊毛织品。

缂法主要用于缂丝和缂毛，我国最先使用缂毛技术，早在汉代就已经出现了缂毛织物。1930年英国人斯坦因在我国新疆楼兰遗址中，发现了一块汉代缂毛奔马织物，彩色纬纱上缂了奔马和卷草花纹，表现出了汉代新疆地区的纹样风格。

从南北朝到清末的1 000多年间，我国毛织技术趋于稳定发展，缂织法和栽绒毯织法不断向中原地区传播，毛织原料的使用也更为广泛。

人类利用羊毛可追溯到新石器时代，由中亚向地中海和世界其他地区传播，遂成为亚欧的主要纺织原料。羊毛纤维柔软而富有弹性，可用于制作呢绒、绒线、毛毯、毡呢等纺织品。羊毛制品手感丰满、保暖性好、穿着舒适。绵羊毛在纺织原料中占相当大的比重。

世界上绵羊毛产量较大的国家有澳大利亚、俄罗斯、新西兰、阿根廷、中国等。绵羊毛按细度和长度分为细羊毛、半细毛、长羊毛、杂交种毛、粗羊毛五类。中国绵羊毛品种有蒙羊毛、藏羊毛、哈萨克羊毛。评定羊毛品质的主要因素是细度、卷曲、色泽、强度以及草杂含量等。

羊毛是天然蛋白纤维，与植物染色天然契合，得色率较高，染出的颜色鲜艳柔和，对人体无伤害，适合高端服饰产品开发。

古代羊毛织物装饰主要有缂毛（图3-2）和毛罗。

图3-2 缂毛

（三）常见的毛面料

1. 哔叽

哔叽（图3-3）是使用粗细、密度几乎相同的经线和纬线制成的斜纹织的梳毛织物。布料是极密组织有张力，结实实用的织物。

2. 华达呢

华达呢（图3-4）是斜纹线在63°左右的急斜纹织物。除梳毛织物之外，还有棉织布和化合织物，布面的急斜纹美丽并富有光泽。织密的华达呢经过防水加工后可以做成雨衣使用。

3. 人字呢

人字呢（图3-5）是正斜纹和反斜纹交替出现，因其花纹像人字形而得名，是一种破斜纹织物。另外，因为长得像杉树的叶子，所以也被称为杉绫。其不仅是毛织物，各种纺织品都使用这种面料。

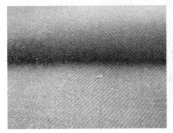  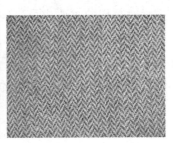

　　图3-3　哔叽　　　　　　　图3-4　华达呢　　　　　　图3-5　人字呢

4. 开司米

开司米（图3-6）是以开司米山羊的毛为原料制成的织物，原料为昂贵的优质羊绒和羊毛，柔软而有光泽，轻而质光滑，一般使用斜纹织法比较多。

5. 法兰绒

法兰绒（图3-7）指的是平织或斜纹织，两面微微起毛的织物。其可分为毛织法兰绒和棉织法兰绒。其特点是手感柔软，触感温暖。

6. 粗花呢

粗花呢（图3-8）的语源，有说是因为原产地的粗花呢河而得名。原本是指将苏格兰特有的切比奥特羊毛染色，采用手工纺的短纤维线，手工织出斜纹的粗野感觉的织物。现在是指使用散毛染色的短纤维线，没有进行缩绒而制成的平织或斜纹织的毛织物。其质地厚实，手感粗糙，外观是富有野趣的织物。

　　图3-6　开司米　　　　　　图3-7　法兰绒　　　　　　图3-8　粗花呢

二、棉类面料

棉又称棉布，是以棉纱为原料织造的服装材料。棉面料以优质的服用性质作为最常见的服用材料之一，普遍用于服装材料、装饰物和产业用服装材料。棉面料作为人们最常用的服装材料，具有透气、柔软、穿着舒适等优良特性。

随着人们愈加向往天然、环保、舒适、柔软的穿着，服装材料显然已经回到了"纯棉时期"。纯棉服装以其韧性强、优柔、极度透气性能和干爽的穿着感而深受穿着者们的喜爱，也因棉面料的纱织稳定，在制作过程中易于达到成衣的理想效果而受服装设计师的青睐，以优质棉面料为主的纯棉服装品牌早已成为各大国际时装周的主要成员。纯棉面料吸湿性强、光泽柔和、染色性好、耐久性强，富有自然的美感。但棉面料抗皱性能不好，没有弹性，容易吸水，洗后容易缩水。

常见的棉面料分为多种类型：第一种，平布，织纹具有相互交错、形式简易、布局细致、外表平齐的特性，通过其采用纱线的粗细，可分为粗布、市布、细布三类；第二种，府绸，一种高支高密的平纹或提花棉面料，布面光洁，质地轻薄，结构构造紧密，颗粒清晰，具有一定的光泽度，摸起来质地平挺柔滑；第三种，帆布，属于粗质地加厚服装材料，硬实挺拔、细致紧密、坚实耐磨；第四种，水洗布，染整后的纯棉水洗布具有天然做旧感，可以免熨烫直接使用。另外，还包括直贡、横贡、灯芯绒、平绒、绒布、泡泡纱、牛仔布、青年布、毛蓝布、巴厘纱等很多种。

（一）棉织物的发展

棉花，简称棉，是重要的服装原料。棉织物吸湿性和透气性好，柔软而保暖。棉花大多是一年生草本植物，常用的有陆地棉（细绒棉）和海岛棉（长绒棉）两种。我国是世界上主要的产棉国之一。

陆地棉的棉纤维线密度和长度中等，一般纤维长度为 20~35 mm，线密度为 2.12~1.56 dtex（4 700~6 400 公支），强力在 4.5 cN 左右。

长绒棉的棉纤维细而长，一般长度在 33 mm 以上，线密度在 1.54~1.18 dtex（6 500~8 500 公支），强力在 4.5 cN 以上。长绒棉品质优良，主要用于编织优等棉纱。

棉花大约在元代传入中原地区，原产地是印度和阿拉伯地区。在棉花传入中原地区之前，只有可供充填枕褥的木棉，没有可以织布的棉花。宋朝以前，我国只有带丝旁的"绵"字，没有带木旁的"棉"字。"棉"字是从《宋书》中开始出现的。在宋末元初，关于棉花传入中原地区的记载有："宋元之间始传种于中国，关陕闽广首获其利，盖此物出外夷，闽广通海舶，关陕通西域故也。"

在棉织物被中原人大量使用之前，我国民间最常用的服饰材料是丝、麻、毛和葛。我国自夏、商、周三代以来的约 4 000 年中，古人用的衣料，大致在前 3 000 年是以丝、麻为主，之后的 1 000 年，逐渐转变为以棉花为主。元、明两代，是棉花取代丝麻的过渡期。

至今，在西南少数民族地区仍然保留了用手织棉布做服饰的传统。

（二）棉类布料的特性及用途

棉类服装面料的优点是透气性与吸湿性良好，是很实用的大众化面料，但无论纯棉或混纺棉都很舒适，价格也实惠，是市面上最常见的面料。另外，棉也是最不容易引起过敏的面料。

棉布即是一种以棉纱线为原料的机织物，其组织结构有平纹、斜纹、缎纹、罗纹等。由于组织规格的不同及后加工处理方法的不同而衍生出不同的棉布品种。棉布具有穿着舒适、保暖性好、吸湿、透气性强、易于染整加工等特点；手感柔软，光泽柔和、质朴；色彩鲜艳、色谱齐全；耐光性较好。

由于它的这些天然特性，早已被人们所喜爱，成为生活中不可缺少的基本用品。它多用来制作休闲装、内衣和正装衬衣。棉布的缺点则是弹性较差，易缩、易产生褶皱且折痕不易恢复；外观上不大挺括，穿着时必须时常熨烫；纯棉织物若保存不当则易发霉、变质。相对于其他面料材质，棉布毋庸置疑是日常生活中的必需品，它除在人们的平日穿着中使用，还更多地应用于床上用品、室内生活用品，近些年在车内装饰、室内装饰、包装、工业、医疗、军事等方面也都有着广泛的用途。

（三）棉织物的工艺

棉织物的工艺包括纺纱、织造和染整三项工艺过程。纺纱和织造是把棉纤维加工成纱线和织物的过程；染整则是用染色、后整理和一部分物理机械方法对纤维制品进行再加工的过程，通过整理加工，可以提高纤维及其制品的使用性能并改善其外观。

棉纱工艺与麻、丝都不同，麻是绩出来的，丝主要是缫出来的，棉纱主要是用纺锤或者纺纱机纺出来的。

棉线软糯，在我国，人们曾用织布机织成平纹布料，用平纹布制作服饰。平纹棉布所用的经纬纱线一般相同或差异不大，经纬密度也很接近，正反面也没有很明显的差异。因此，平纹布的经纬向强力均衡，且由于交织频繁，故结实耐用，布面平整，但光泽较差，缺乏弹性。根据纱线粗细可分为中平布、粗平布、细平布。

棉纱染色主要有蓝染、柿染、板栗壳染等几种染色方法，运用不同的颜色进行格纹和条纹织造，可以产生经典的颜色搭配。

总之，棉织物软糯柔和，成品工艺相对简单，是优良的服饰原料，它吸湿透汗、光泽柔和、保暖性好，适合做内衣、棉衣、外套等。在棉织物服饰造型中，要注意保持棉织物的这些优良性能，不能违背其软糯柔和的特性，去做一些扭曲的设计。

（四）常见的棉面料

1. 白坯布

白坯布（图3-9）原本是印度东部的手工棉布，是经纬线密度几乎相同的平织物。

2. 漂白布

漂白布（图3-10）是将白坯布漂白后上浆，制成有张力和光泽的布料。由于其价格低廉，所以用途广泛。

 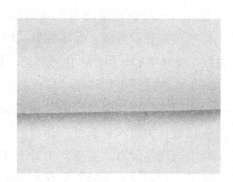

图3-9　白坯布　　　　　　　　图3-10　漂白布

3. 府绸

府绸（图3-11）原本是丝毛交织织物，现在指的是经线密度较大，纬线密度较小的棉质平织物。其质地柔和，具有美丽的光泽。常见的有化合纤混纺的府绸、丝绸加工的府绸，还有素色印染和印花的府绸，种类很多。

4. 纱布

纱布（图3-12）是在埃及地中海西海岸的加沙地区首次织成的织纹粗平纹棉布。其透气性好、轻、柔软。

图3-11　府绸　　　　　　　　图3-12　纱布

5. 平纹细布

平纹细布（图3-13）原本是用英国产的优质细棉线制成的平织物，据说最初是从伊拉克北部的摩苏尔开始织造的。其特点是质地薄、重量轻、手感柔软。近年来，除棉线、梳毛线外，还使用丝线、人造丝、混纺线等各种织布。

6. 巴厘纱

巴厘纱（图3-14）是经纬线使用强燃线的、粗粗的、透明的薄地平织物。因为具有清爽的触感，适合做夏季衣料。

图3-13 平纹细布

图3-14 巴厘纱

7. 泡泡纱

泡泡纱（图3-15）是具有像泡泡一样突起的部分的立体感编织物，常用于夏季服装。

8. 顺纤绉

顺纤绉（图3-16）是一种制造出不规则突起的精加工工艺，是在纬线上加上S捻或Z捻形成强捻线，沿经线方向形成柳丝流动状的织物。一般多用棉，也有丝绸、化合纤的，用于夏季服装。

图3-15 泡泡纱

图3-16 顺纤绉

9. 棉绉

棉绉（图3-17）属于平纹织物，在纬线上交替使用2条S捻和Z捻的强捻线的缩织的总称，用于夏季服装。

图 3-17　棉绉

10.牛仔布

牛仔布（图 3-18）是经线用靛蓝染色的棉线，纬线用纯棉的线或用未加工的线，制成的先染斜纹织物。其表里色调不同，质地紧密，是一种结实的实用织物。

11.工装布

工装布（图 3-19）与牛仔布相反，原本指的是经线、纬线使用同一类型的线织成的斜纹织物。现在，与牛仔布使用同样颜色的线的平织物很多。

图 3-18　牛仔布　　　　　　　　　　　图 3-19　工装布

12.灯芯绒

灯芯绒（图 3-20）是短毛的添毛组织的织物，布料有平织的和斜纹的两种。

13.平绒

平绒（图 3-21），别名也叫作棉天鹅绒，是一种与布面一样有短毛绒的组织织物，多为素色的，也有印染或压花的。其具有保暖性，手感好，有鲜艳的颜色和美丽的光泽。

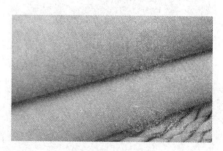

图 3-20　灯芯绒　　　　　　　　　　　图 3-21　平绒

14. 牛津布

牛津布（图3-22）是经线和纬线都使用2~4根棉线统一织成的梭织织物。布料因为缝隙多透气性出色，极具运动感。

15. 条纹布

条纹布（图3-23）是经线用彩色的线，纬线用漂白的线，或者用其他与经线不同颜色的线制作的具有柔软感觉的平织物。织物的布面是经线和纬线的颜色混合在一起形成的霜降的感觉。

16. 色织格布

色织格布（图3-24）是用棉的单线织成的格子或条纹的先染平织物。色线和白线两种颜色的格子图案最受欢迎。

彩图3-23和彩图3-24

图3-22　牛津布

图3-23　条纹布

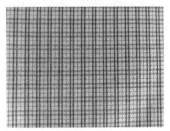

图3-24　色织格布

三、丝绸面料

中国是世界上最早饲养蚕和缫丝的国家，以蚕丝为原料的丝织物是中国古代的著名特产。远在新石器时代，中国就已发明丝织技术。

在距今约5 000年的史前时代，黄河流域已经出现了丝织物，夏代至战国末期，丝织生产有了较大的发展，已有多种织纹和彩丝织成的精美丝织品，且品种仍日益增加。商代开始出现绮、纱、缣、纨、縠、罗等品种，西周时期产生了用两种以上的彩丝提花的重经织物"经锦"，战国时期丝织品的纹饰从几何纹发展为动物纹，色彩更加丰富，丝织技术日益完善。汉唐时期中国丝织品通过"丝绸之路"，远销中亚、西亚和非洲、欧洲，受到各国的普遍欢迎。

明清时期，丝织生产进入了稳定发展时期，技术上出现了新的创造，妆花技术诞生，纹饰风格偏向写实主义，多含有吉祥寓意。除织花外，印花、绣花、挑花、手绘、织金等技术也运用于丝织生产。

中国古代传统制丝的方法主要是缫丝工艺。

缫丝是把蚕茧浸在热水里煮松，抽出蚕丝，缠绕在丝筐上绕成丝线，便于纺织。手工缫出的丝线带有自然的弯曲度。

一颗蚕茧可抽出约1 000 m长的茧丝，若干根茧丝合并成为生丝。做一条领带需要 111 个蚕茧，而做一件女士上衣则需要 630 个蚕茧。

丝由蚕茧中抽出，成为织绸的原料。生丝经加工后分成经线和纬线，并按一定的组织规律相互交织形成丝织物。各类丝织品的生产过程不尽相同，大体可分为生织和熟织两类。

丝面料是高级材料，这类丝织品款式种类很多，身着舒适，具有雍容华贵的效果，并且面料感官光泽亮丽，具有优等的服用面料性质，所以能够深受人们的喜爱。在款式的设计中，丝绸既可以作为单独的服装面料进行裁制，也可以与其他面料搭配使用，形成多种多样的服装效果。

丝面料分为纺、绉、绡、绢、绫、缎、锦、纱。丝面料触感丝滑柔软，但不同种类的面料摸起来手感也不同；绸类丝面料的触感很柔滑，平齐；绉类服装面料摸起来干涩，带有麻感。

（一）丝绸面料的分类

我国市场上常见的丝类服装面料有桑蚕丝、柞蚕丝和绢丝三种类型。

（1）桑蚕丝是天然的动物蛋白质纤维，大都是白色，触觉光滑柔软，光泽良好，且有冬暖夏凉的特性，摩擦时会出现独特的"丝鸣"现象。桑蚕丝有很好的延伸性、较好的耐热性，但它不耐盐水浸蚀，不宜用含氯漂白剂或洗涤剂处理。

（2）柞蚕丝一般呈淡褐色，它的弹性较好，光泽感强。

（3）绢丝是经绢纺工艺特殊加工而成的，是世界各地公认的华贵的天然纤维，属高级纺织原料。绢丝有较高的强度，纤维细而柔软、平滑有弹性、吸湿性好，其织物具有光泽润美、质地细柔的特性。含有绢丝的面料产品手感更滑爽，组织结构更密实，富有丝般的独特光泽；贴身穿着透气、舒适；外观高雅、华贵，并且具有良好的弹性。

总体来说，丝类面料纤细柔软、平滑而富有弹性，染色性能好。做工精湛的丝制品给人以富贵、华丽、优美之感。

丝绸是用蚕丝或人造丝纯织或交织而成的织品的总称。现代工业丝绸，很少有百分之百的蚕丝产品，主要是天然纤维、人造纤维、纤维素的组合体。与棉布一样，它的品种很多，可用来制作各种服装，尤其适合用来制作女士服装。它的长处是轻薄、合身、柔软、滑爽、透气、色彩绚丽、富有光泽、穿着舒适。它的不足则是易生褶皱、容易吸身、不够结实、褪色较快。

丝类服装面料是面料中的高档品种，轻薄、柔软、滑爽是其穿着舒适的主要原因，而独有的光泽感则是其价格不菲的原因。由于其华丽而高贵的质感与特性，对缝纫技术的要求很高；缺点与毛料相同，含有动物蛋白，易引起虫蛀，保存需注意。

（二）常见的丝绸面料

1. 雪纺

雪纺（图 3-25）是在经线、纬线上交替配置 S 捻和 Z 捻的细强捻线，面料会出现细小的纹理，形成轻薄透明的平织物。

2. 纱

纱（图 3-26）是使用捻数少的线，织成轻薄透明的平织物。

3. 塔夫绸

塔夫绸（图 3-27）本来是绢的平织物。由于经线较密，而纬线用的是稍粗的线，所以质地稍硬有张力的感觉，常被用于礼服等。

图 3-25　雪纺　　　　　图 3-26　纱　　　　　图 3-27　塔夫绸

4. 乔其纱

乔其纱（图 3-28）本来是经纬线都使用 S 捻或 Z 捻的强捻线一条，或者两条交替排列的平织物。布面出现细小的凹凸，是垂性好的织物。

5. 绉绸

绉绸（图 3-29）是经线用生线，细线用生线的 S、Z 强捻线交替使用制成的平织物。布面上出现褶皱，褶皱的程度也有小有大。

6. 香云纱

香云纱（图 3-30）又名"响云纱"，本名"莨纱"，是采用植物染料薯莨染色的丝绸面料，是世界纺织品中唯一用纯植物染料染色的丝绸面料，被纺织界誉为"软黄金"。

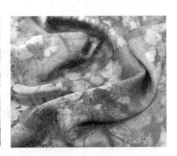

图 3-28　乔其纱　　　　　图 3-29　绉绸　　　　　图 3-30　香云纱

7. 茧绸

茧绸（图 3-31）是经线、纬线使用手工纺成的柞蚕丝，即使经过充分的精练、漂白也不会变白，呈褐色、黄褐色，染色性也较差，但富有野趣。

8. 真丝绒

真丝绒（图 3-32）也叫作真丝天鹅绒，是添毛组织的织物。其毛绒细小、密而柔软，具有阴影光泽。

图 3-31　茧绸

图 3-32　真丝绒

四、麻面料

麻面料，能够作为服用材料只有苎麻、亚麻、黄麻和罗布麻等几种软质麻纤维。近年来，麻文化又开始流行，麻面料服装简单大方、休闲舒适的款式深受人们的青睐。但麻面料穿在人身体上会有刺痒感，所以一般不做内衣面料。

常见的麻面料有多个种类，具体有：苎麻平布，面料舒适，不沾身，适合做夏季衣服的面料，但是在一定程度上而言，也容易起褶皱，不耐磨，没有弹性；夏布，布面比较细致；爽利纱，是纯苎麻细薄型面料；亚麻细布，散湿快，光亮色泽柔软，不吸灰尘，弹性较差，易起褶皱，易磨损，亚麻细布适合做内衣、衬衫、裙子、西服。另外，相对于亚麻细布而言，亚麻帆布是一种厚亚麻面料。

（一）麻面料的特性

麻布是以各种麻类植物纤维制成的一种面料（图 3-33），如亚麻、苎麻、黄麻、剑麻、蕉麻等。其具有强度极高、拉力极强、柔软舒适、透气性甚佳、贴身清爽、耐洗、耐晒、吸湿、快干、导热等特点，对细菌和腐蚀的抵抗性能很高。

麻织物可用来制作休闲装、工作装或环保包装；也可用来制作工艺礼品、宠物用品；还能在建筑装修、店铺装饰中广

图 3-33　麻面料

泛应用。它的缺点是外观较为粗糙，容易出褶皱。麻类纤维的性能近年来备受青睐，在现代纤维艺术作品中的应用正在日益增多。

（二）常见的麻面料

1. 爱尔兰麻

爱尔兰麻（图 3-34）本来是指爱尔兰产的品质良好的高级麻织物，广义上也作为欧洲各国生产的纺织品的商标使用，平织布居多。

2. 细麻布

细麻布（图 3-35）是高级薄地的亚麻织物，手感柔软独特。

3. 粗麻布

粗麻布（图 3-36）使用黄麻，是用粗线以粗密度织成的平织物。其用于各种包装用材料、椅子的衬垫、地毯的衬布、袋子等。

图 3-34　爱尔兰麻　　　　图 3-35　细麻布　　　　图 3-36　粗麻布

五、涤纶

涤纶（图 3-37）为聚酯纤维，具有多种优质性能，如优良的弹性和回复性、易洗快干、面料挺括，具有"洗可穿"的特点。织物具有抗皱性、保形性，有意制成蓬松状态的皱褶经反复穿着和多次洗涤后仍不易变形，保持接近于原始状态。涤纶强度高、耐冲击性好、耐热性好、耐腐、耐蛀，经久耐穿并有优良的耐光性能（仅次于腈纶）；缺点是容易产生静电和吸尘、吸湿性差，染色较困难。涤纶长纤维常作为低弹丝，制作各种纺织品；经过带色涂料工艺加工制成的涤纶金银线、五彩线等，色彩艳丽丰富、材料强韧耐用，应用比较广泛。涤纶短纤维与棉、毛、麻等均可混纺，工业上用于制作渔网、绳索、滤布、绝缘材料等。涤纶是目前化纤中用量最大的品种之一。

六、锦纶

锦纶（图 3-38）为聚酰胺纤维，也被称为尼龙。其化学结构和性能与蚕丝相似，锦纶结实耐磨，是合成纤维中强度最高的面料，这是锦纶最大的优点。锦纶密度小、织物轻、弹性好、拉力大、耐疲劳破坏，化学稳定性很好、吸湿性较好，其染色性能在合成纤维里也是较好的。锦纶穿着轻便，有良好的防水、防风性能。锦纶耐碱不耐酸，最大缺点是耐热和耐日光性不好，遇热会发生收缩，织物在日光下久晒就会变黄和发脆，强度下降，吸湿降低，但比腈纶、涤纶好。锦纶长丝多用于针织和丝绸制品，锦纶短纤维大都与羊毛或毛型化纤混纺，在工业上用于帘子线和渔网，也可用作地毯、绳索、传送带、筛网等，用途广泛。

 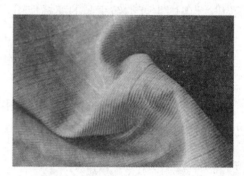

图 3-37　涤纶面料　　　　　　　　　图 3-38　锦纶面料

七、腈纶

腈纶（图 3-39）为聚丙烯腈纤维，其以短纤维为主，纤维卷曲且较为蓬松，性能与羊毛相似，所以腈纶被俗称为"合成羊毛"或"人造羊毛"。腈纶耐晒，具有较好的绝热性能，耐气候性也较好。腈纶密度小，甚至小于羊毛，所以织物保暖性能好，且触感柔软。腈纶还具有强力好、不易老化的特性，表面平整、结构紧密、不易变形，水洗后缩水极小。腈纶的缺点是吸湿差、染色难。腈纶产品主要为民用，可纯纺也可混纺，能制成多种毛料、毛线；在地毯、毛毯的编织中经常会大量加入腈纶；腈纶常用来制作运动服，也可用来制作人造毛皮、长毛绒、膨体纱和工业用布等。

图 3-39　腈纶面料

八、皮革类

皮革是指动物毛皮经过处置之后，形成舒适柔软且具有抗腐蚀性的皮质面料，常用于服装的有牛皮、羊皮、猪皮等。

皮革原料来自动物身体，因此，每一块皮质的大小以及质量就有所差异。在挑选面料时，要注意皮料的完整程度，避免一些面料的破损，从而可以提高皮料的使用。由于每块皮的质量不同，选皮质时要参考服装使用的主次部分。皮革服装的面料性质和其余面料不同，不能像其他面料那样具有随意性，要根据效果图对面料的大小、形状、肌理进行挑选。一些皮质非常小，那就要通过缝合线使皮革缝合在一起，充分考虑缝合线的美观效果。

（一）皮革的概念

通常，作为服装用材料指"衣料"的时候，会使用皮或皮革这个词。皮革是经脱毛和鞣制等物理、化学加工所得到的已经变性不易腐烂的动物皮。通常将披在动物表皮上的生皮干燥后的皮称为原皮，例如，牛、马等动物的厚而重的皮，猪、羊等动物的薄而轻的皮，都称为原皮。

从产生人类开始，皮革的历史也就产生了，最初使用的只是将动物和鱼皮干燥而成的原皮。直到4世纪左右才制作出了类似服装用皮革的东西，在古代，皮革还经常被用作皮革袜套、马鞍、武器等。

（二）皮革的结构和特性

1. 皮革的构造

皮革根据用途将不必要的部分去除，鞣制后使用。

真皮占皮革的大部分，是由微小的蛋白质骨胶原作为主要成分的纤维构成的（图3-40）。

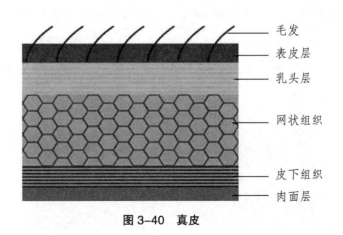

毛发

表皮层

乳头层

网状组织

皮下组织

肉面层

图3-40　真皮

（1）表皮层。表皮层也叫上皮层，厚度约为整个皮的1%。作为皮革使用时，除去上皮层。

（2）真皮层。真皮层的主要成分是蛋白质胶原蛋白。其特征是非常细小的纤维不相交的构造。

（3）网状层。网状层是大约真皮层纤维10倍粗细的纤维互相缠绕的结构，担负着控制皮的强度的重要任务。这部分被称为二层皮，一般用于鞋底、鞋面。

（4）皮下组织。皮下组织由脂肪、细胞构成。

2. 皮革的特性

（1）皮革的导热率小，保温性好，触摸时会感到温暖。

（2）因为有通气性，所以能够放出内侧的湿气。

（3）富有柔软性，穿着皮革服装容易产生合身感。

（4）富有吸湿性和透湿性，吸收水分后膨胀，释放水分后收缩。

（5）皮革在湿的时候不耐热，但干的状态下比较耐热。

（6）因为皮革纤维紧密地交织在一起，裁剪时也不容易断裂，所以在缝制上可以使用刀割的技术进行裁断。

3. 部位名称及特征

皮革因部位不同骨胶原纤维的密度和混杂程度有差异，所以强度不固定。皮革纤维本身的抗拉强度比羊毛和棉强，几乎与尼龙和丝绸相当，只是因为有细微的连续气孔，所以相对较弱。

皮革大致有固定的纤维走向，顺着纤维走向施力时，强度大，伸长幅度小。在与该走向成直角的方向上施力时，伸长幅度大，强度小。

另外，由于一张完整的皮革（图3-41）是由头部、背部、腹部、肢部等不同功能的纤维构造而成，根据部位的不同伸缩的差异较大，手感也不一致。如果无视这些因素进行制作的话，在穿戴时就会出现变形等不良结果，所以需要注意。

图 3-41　完整的皮革

（1）背部，颗粒细小纤维密，厚度平均，伸长较少，是最好的部位。

（2）腹部，纤维柔软，但容易有疙瘩，皮薄，缺乏弹性。

（3）腋下和胯部，非常容易因拉伸形成波浪状松弛。

（4）头部，坚硬，有很多伤痕，表面粗糙，没有光泽。

（5）四肢，与头部相同，面积少。

（6）尾部，纤维很粗很硬。

（三）常见的皮革面料

皮革的大小是以面积来计算的，用于衣料的原皮，除了牛皮、山羊皮、羊皮、猪皮、鹿皮、马皮、袋鼠皮等哺乳动物的皮外，还有鳄鱼皮、蛇皮等爬虫类的皮，其中牛皮因为质地坚固且面积大，作为服装素材被使用的最为广泛。

（1）小牛皮是出生 3~6 个月以内的小牛的皮，皮肤细腻，柔软度低。小牛皮在牛皮中价值是最高的。如图 3-42 所示为小牛皮手袋。

（2）中牛皮是出生半年到 2 年左右的牛的皮，因为还处于发育期，皮层顺滑柔软，属于次高级品。

（3）阉牛皮（图 3-43）是出生后 3~6 个月内被阉割的并且 2 岁以上的牛的皮，皮肤比较细致，因为成牛皮革面积大，所以使用范围广。为了方便加工，经常从背中心裁剪成 2 等分被使用。

（4）母牛皮是出生 2 年以上的母牛的皮。肉厚结实，不像阉牛皮那么厚。纤维是松散的，特别是腹部，可使用性较小。

（5）公牛皮是出生 3 年以上的公牛皮。质地和纤维都很粗，一般用来加工成鞋底皮革、工业用皮带（图 3-44）。

图 3-42　小牛皮手袋

图 3-43　阉牛皮

图 3-44　工业用皮带

（6）山羊皮，薄而柔软、细腻，结实而有张力，不会变形，多作为绒皮装饰。另外，成年山羊皮被称为"Goat Skin"，具有出色的耐摩擦性能。如图 3-45 所示为荔枝纹山羊皮。

（7）小羊皮是出生 2 个月以内的小羊羔的皮，真皮面非常薄，手感极好，是高级品。如图 3-46 所示为小羊皮手套。

（8）成年羊皮（图3-47）的皮质薄而轻，富有柔软性。

图3-45　荔枝纹山羊皮

图3-46　小羊皮手套

图3-47　成年羊皮

（9）猪皮（图3-48）的特征是表面有独特的毛孔，透气性好，抗摩擦并且容易加工。

（10）马皮（图3-49）是薄而柔软的皮革，尾部纤维密度很大，马皮是一种比较珍贵的皮革。

（11）鹿皮（图3-50）的纤维很细，是非常柔软的皮革。常用于制作手套、衣服、擦玻璃布等。

图3-48　猪皮

图3-49　马皮

图3-50　鹿皮

（四）皮革的鞣制和鞣制种类

将原皮（生皮）加工成不腐败的状态被称为鞣制。通过这个操作，从"生皮"变成"皮革"。一张原皮加工成皮革需要12~15道工序，细分的话多达20道以上，所需天数根据鞣制方法而不同。

鞣制的方法有铬鞣制、单宁鞣制、油鞣制、组合鞣制等。

1. 铬鞣制

铬鞣制是使用碱性铬酸盐的鞣制。由于铬鞣制皮革的柔软性、耐热性、显色性比单宁鞣制皮革更好，而且工作时间短，经济性好，是目前广泛使用的鞣制方法。如图3-51所示为铬鞣粒面皮革。

2. 单宁鞣制

单宁鞣制是以植物单宁剂为主鞣制皮革，与铬皮革相比延展性和弹性小，可塑性强，牢靠，适合立体加工，也叫作洗鞣，进一步加工还可以制作工艺用的油皮等。如图 3-52 所示为意大利托斯卡纳多脂丹宁植鞣革荔枝纹皮料。

3.油鞣制

油鞣制代表性的有棕黄皮。其非常柔软吸水性好，具有适度的亲油性，可以洗涤。使用动物油，主要是鱼油来鞣制。如图 3-53 所示为油鞣皮鞋。

图 3-51　铬鞣粒面皮革

图 3-52　意大利托斯卡纳多脂丹宁植鞣革荔枝纹皮料

图 3-53　油鞣皮鞋

4.组合鞣制（混合鞣制）

组合鞣制将丹宁鞣制和铬鞣制并用，充分发挥两者的优点，制作出质量优良的皮革。一般情况下，在加入铬酸盐后，使用单宁剂，但为了改变其特有的味道，有时也会将步骤颠倒，这被称为逆混合鞣制。

此外，还有矾鞣、铝鞣、福尔马林鞣等。它们主要作为隔离剂使用，很少单独使用。

（五）根据皮革加工的分类

1.平滑皮革

平滑皮革是人们最常使用的皮革，因皮革表面被处理平滑而得名。平滑皮革有两种：一种用酪蛋白处理于皮革的真皮面，因其表面有自然的美丽光泽，耐久性好，使用感舒适而大受欢迎（图 3-54）；另一种主要是使用成牛皮，把铬鞣制的皮革贴在平滑的玻璃板上使之干燥，抛光，进行涂装完成的东西，特征为坚固容易保养。

2.绒面皮

绒面皮（图 3-55）是将皮革的里面进行轮磨，使之具有丝绒状的毛茸茸的皮革，主要由小牛皮等小动物制成。

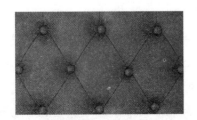

图 3-54　酪蛋白处理于皮革的真皮面

图 3-55　绒面皮

3. 二层皮

二层皮（图 3-56）是指把皮水平地 2 层以上分割得到的真皮面以外的部分作为原料的皮革，也可以制成像头层皮那样效果的光面皮和绒面皮。

4. 漆皮

漆皮是指在铬鞣制后的小牛皮、羊羔皮、马皮等的表面上，涂上光泽很好的聚氨酯等树脂。如图 3-57 所示为漆皮鞋。

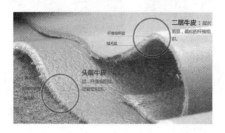

图 3-56　二层皮

图 3-57　漆皮鞋

5. 热压皮

热压皮（图 3-58）是指在皮革表面用加热高压压模而成，技术上多样化。

6. 起皱皮

起皱皮（图 3-59）是指使用药品使皮革表面产生皱纹，强调皮本来纹理的皮革。

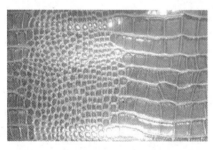

图 3-58　热压皮

图 3-59　起皱皮

（六）根据加工完成情况进行分类

1. 精加工皮革

精加工皮革是几乎不使用定型剂，只进行用褪色抛光等使之变光滑的皮革。

2. 苯胺皮革

苯胺皮革（图 3-60）是指进行了苯胺收尾加工的皮革。还原皮革本来的细的真皮花纹的特征，主要用苯胺染料和有透明感的蛋白质系的完成剂完成。表面细腻，保持柔软的触感，真皮感强。

3. 颜料染色皮革

颜料染色皮革（图 3-61）主要使用颜料或涂料液染色，由于能遮盖真皮面的瑕疵，并能均匀着色，所以被广泛使用。

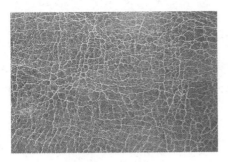

图 3-60　苯胺皮革

图 3-61　颜料染色皮革

除此之外，还有油蜡皮（图3-62）、抛光皮（图3-63）、金属风格皮革（图3-64）、压褶皮革（图3-65）、镂空皮革（图3-66）、编制状皮革（图3-67）、仿古皮革（图3-68）等。

图 3-62　油蜡皮

图 3-63　抛光鹅卵石纹皮

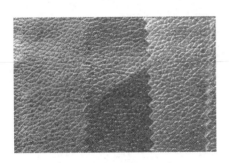

图 3-64　金属风格皮革

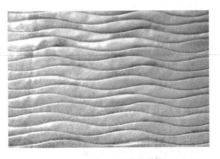

图 3-65　压褶皮革

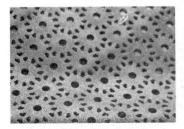

图 3-66　镂空皮革

图 3-67　编制状皮革

图 3-68　仿古皮革

（七）关于皮革设计

皮革在性质和形状方面与布帛几乎没有区别，可以展开各种各样的设计。但由于皮革是天然的，面积有限，所以有时无法进行过大面积版型的裁剪，在这种情况下，加入分割线，并将分割线灵活运用到设计中去对于皮革设计来说是很重要的（图3-69）。

另外，因为皮革很难熨烫平整，所以明线的设计也很重要（图3-70）。

图3-69　学生陈依明作品　　　　图3-70　学生吴鑫怡作品

因为皮革不会毛边，所以也可以裁切后直接使用。如做成流苏，或者在圆点、碎花、几何图案上钻孔等，不过最好不要选择太大的图案。

皮革价格相对较高，可以把裁剪剩下的皮革用于制作帽子、包包、袋子等物品，即能有效提高面料的利用率又能为生活平添很多乐趣。

（八）皮革的保养和保管方法

1. 皮革保养

真皮皮革和绒面皮类型的保养方法不同，不过，基本上是穿着后要经常刷去污渍。严重的污渍不要勉强，最好去专业的洗衣店咨询。如图3-71所示为皮革的经年变化。

（1）真皮皮革。

1）轻微的污渍，用干布擦拭或用刷子刷掉。

2）部分的污渍，用布沾上皮革清洁剂轻轻擦拭，皮革橡皮和优质橡皮都可以去除污渍。使用苯甲酯、稀释剂类、中性洗涤剂等会导致皮革掉色和失去光泽，所以需要注意。

3）如果被打湿，用毛巾吸干水分，放在通风好的地方阴干。潮湿的皮革不耐热，烘干的话纤维组织会受到破坏，所以要让它自然干燥，干了之后涂上皮服专用的乳化清洁剂来补充油脂。

4）发生霉变时（图3-72），用水泡除去，小的部分可以用牙刷刷掉。

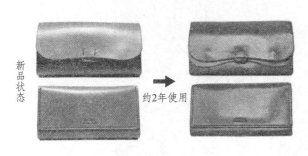

新品状态　约2年使用

图 3-71　皮革的经年变化　　　　图 3-72　真皮皮革发生霉变

现在的皮衣虽然含有防霉剂，但有时还是会发生霉变，霉菌放置久了会扎根，无法去除，所以发现后要立即去除。

（2）绒面皮款式。

1）轻微的污垢，如果是粗的绒面皮用硬的尼龙刷，如果是小牛皮和羊羔皮等柔软的绒面皮用猪毛或马毛刷温柔地刷。

2）顽固的污渍，使用清洁用橡胶（绒面皮用橡胶）就好。不要用力揉搓，要仔细拍打。

3）液体的污垢，停留在表面的期间去除比较容易，用吸收性好的布迅速地拍打便可去除。

4）如果湿了，用毛巾拍打吸干水分，阴干。干燥后用专用刷子刷。如果使用皮革防水喷雾的话，对小雨会有一定的效果。

5）霉斑要尽早清洗掉。缝线、口袋等细微之处，使用牙刷会很方便。

2. 关于浮脂

羊皮即使经过充分的处理，也会残留脂肪。如果温度超过常温，残留的脂肪就会融化溢出，在风的作用下急剧冷却，再次凝固，就会像吹来的白色粉末一样，很容易误认为是霉变。

3. 皮革的保管

进行前述的保养后，阴干后挂在衣架上保存。保存的时候，如果盖上塑料封皮，会发生霉变，所以要避免。保存场所应避免高温多湿，若在潮湿的季节，需在天气好的时候阴干。

（九）学生优秀皮革作品赏析

学生优秀皮革作品如图 3-73~ 图 3-76 所示。

图 3-73　孙凡茹作品

图 3-74　吴耀祖作品

图 3-75　史芝纯作品

图 3-76　谢卓炘作品

九、毛皮类

　　过去，毛皮曾一度是身份地位的象征，在近现代逐渐成为日常生活中的时尚服装材料。作为天然素材的毛皮具有一定的优越性，从手感、功能性、耐久性等各方面都能体现出来。毛皮的种类很多，近些年毛皮养殖技术也得到了提高，价格也比以前便宜。最近不仅是毛皮，与不同材质（羊毛、皮革、针织牛仔等）的组合也融入了各种时尚中，搭配出全新的风格。另外，毛皮还被广泛应用于小件物品，如小饰品（图 3-77）、室内装饰等。

图 3-77　小饰品

（一）毛皮的构造和特性

1. 毛皮的构造

毛皮因动物种类而异，一般由针毛（护毛）、其下生长的绒毛（下毛）和支撑这些毛的皮板部分组成，皮下组织通过鞣制作业被去除。毛皮的价值取决于毛的茂密程度，毛越茂密状态就越好。

（1）针毛（护毛）。针毛（护毛）是指长在全身的长毛，也叫作上毛。针毛强健而富有弹性，起到保护身体的作用，因其色彩斑斓、斑纹各异，动物的特征清晰地表现出来。

（2）绒毛（下毛）。绒毛（下毛）是指针毛下面的短毛，也叫作下毛。绒毛密生，防止动物体温的散发，起到防寒的作用。

2. 毛皮的特性

（1）保温能力出众。毛皮的保温能力超群，最适合御寒。在北欧和北美洲，与其说是为了时尚，不如说是为了御寒而不可或缺的必需品，而且透气性也很好。

（2）有气质的光泽。毛皮所具有的独特光泽，赋予了毛皮高贵豪华的气质。只要好好保养和保存，就能保持气质。

（3）优雅而柔软的触感。湿润柔软，是任何毛皮都共通的独特触感，而且，有弹性，清爽的触感也可以说是毛皮特有的魅力。

（4）多种多样的美丽颜色。毛皮有着天然的丰富而美丽的色彩，针毛和绒毛之间微妙的对比，即使是现代染色的最高技术，也很难做出来。

（5）怕潮湿、火和虫。虽然是耐久性极佳的毛皮，但极怕潮湿、火、阳光、虫蛀等，所以必须十分注意保养和保存。

（二）常见毛皮的种类和特征

由于人工养殖的盛行，毛皮的种类多种多样。根据毛腿的长度，将用于衣料的主要毛皮种类进行了分类，常见的有以下几种：

（1）银狐毛（图3-78）。银狐毛由红狐狸突变而来，1910年前后开始进行养殖，与蓝狐的种类不同，针毛相当长，有银色和黑色两种颜色，颜色越鲜明的越被认为是优质的，其密度一般，保湿力非常好。

图3-78　银狐毛

彩图3-79

（2）红狐毛。虽然北半球和澳大利亚都有红狐，但各地毛色毛质都有差异，其中，产自堪察加的火狐（图3-79）的毛颜色如火，被称为上品。

（3）蓝狐毛（图3-80）。蓝狐毛是毛皮中产量最高的一个品种，现在几乎都是养殖的，与银狐毛相比，针毛短，绒毛又长又密。蓝狐毛的颜色整体是偏蓝的灰色，品质好的针毛有银蓝色的光泽，因为毛白容易染色，最适合修剪。

图3-79　火狐

图3-80　蓝狐毛

（4）兔子毛（图3-81）。生产毛皮所用的兔子是由野兔驯化而成的，经过改良后形成安哥拉种、日本种等多个品种。兔子通体短毛，绒毛又厚又长，因为是食草动物，所以针毛容易折断，多将针毛拔毛或剪毛使用。因为兔毛在毛皮中比较便宜，所以被广泛使用。

图 3-81　兔子毛

■ **知识拓展**

华盛顿公约，全称《濒危野生动植物种国际贸易公约》（*the Convention on International Trade in Endangered Species of Wild Fauna and Flora*），取其首字母也称为 CITES，这是以保护濒临灭绝的野生动植物为目的的国际性条约。也有简称为"W 条约"的情况。

具体来说，有可能绝减的、不一定绝减但需要规制的、缔约国认为有必要在本国进行规制，在交易的管制上需要其他当事国的协助。

（三）毛皮的保养和保管方法

1. 毛皮的保养

（1）脱下后轻轻摇晃，除去灰尘和体温，恢复软绵绵的感觉后挂在衣架上。

（2）如果领子和袖口的毛变黏，将毛巾浸入温水并拧干，顺着毛的方向擦拭。之后，用既不伤毛又不起静电的钢梳整理毛发，让其自然干燥。

（3）被雨或雪等淋湿的情况下，轻轻摇晃去除水滴，用干布擦干使之自然干燥。

（4）穿着季节结束后，需要长期存放时，首先要随着毛发的方向轻轻拍打掉毛发中的灰尘；然后以直接接触皮肤的地方（比如领口和袖口）为中心，用拧干的毛巾，顺着毛仔细擦拭发梢，去除全部污垢；最后挂在衣架上，在通风处阴干 3~4 h，不可使用吹风机，让其自然干燥。

（5）委托洗衣店的情况下，一定要指定不会损伤毛和皮的"干洗"。这时，要和店里的人相互确认毛皮的状态，如有没有拔毛或破洞等。

（6）为了长期穿着的考虑，在季节结束的同时在专业的门店接受毛皮状态（脱毛、破裂、变色、脏等）的检查比较好。需要修理或翻新的时候，在淡季委托，也能兼顾夏季保存，一举两得。售后服务交给专业人士是最放心的。

2. 毛皮保管

（1）保管中问题最多的是虫蛀和霉变。只要好好地去污，在适当的温度（10 ℃~15 ℃）、潮湿（50%）下保管就可以避免这些问题。

（2）在进行上述的保养之后，将专业防虫剂放入口袋中，挂在衣架上，用通气性好的棉布等布袋将毛皮全部包起来保管。

（3）布袋，为了防止因光而变色，不容易透光的偏黑的颜色比较好。

（4）小件物品要放入箱子（纸盒、茶盒）中保管。箱子里放着防虫剂、防潮剂。

（5）也可以委托购买店、洗衣店、专业保养店来进行维护。

十、针织类面料

针织面料是指用织针将纱线组成线圈，再把线圈相互套串而成的一种服装材料，分为纬编和经编两大种类。纬编面料常以天然纤维和化学纤维为原料，主要采用平针、毛圈等编织手法，面料的稳定性差，容易脱边；经编面料常以合纤长丝和化纤混纺为原料，稳定性良好，不易脱边。针织物面料的弹性优良，柔软，保暖透气。针织面料在服装领域占据着重要的位置。

（一）针织面料的发展

1960 年开始的针织衫热潮使针织产业迅速发展，在内衣、T恤、运动服、休闲服、夹克衫、西装等中被广泛使用。进入 20 世纪 90 年代，更被用于正式服装。一方面，随着针织机械的发展，制造工序实现了电算化，编织技术也得到了提高；另一方面针织面料也开始作为衣料进行生产，与布一样，能够根据图案进行裁剪，用缝纫机进行缝制，开始了产品化。与之相应的，适用针织布料的各种缝纫机被迅速开发出来。

（二）常见的针织面料

（1）罗纹面料（图 3-82）。

（2）平针针织面料（图 3-83）。

图 3-82　罗纹面料

图 3-83　平针针织面料

（3）毛巾编织面料（图 3-84）。

（4）绞花针织面料（图 3-85）。

图 3-84　毛巾编织面料

图 3-85　绞花针织面料

（5）变化针织面料（图 3-86）。

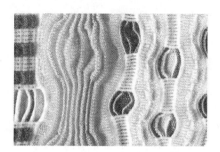

图 3-86　变化针织面料

课后习题

1. 列举三种常见的羊毛面料。

2. 列举三种常见的真丝面料。

3. 列举三种常见的棉面料。

第四章

服装辅料

第一节　里　料

服装里料在服装中有十分重要的作用，里料可以覆盖服装缝头和不需要暴露在外的部分，使服装显得光滑而丰满；可以使服装保持形状而提高档次，从而增加服装的附加值；可以减少摩擦，便于穿脱，使服装保持挺括的自然形态；还可以保护面料、增加保暖性等作用。

服装里料的种类繁多，常见的服装里料主要有涤纶塔夫绸、尼龙绸、绒布、各类棉布与涤棉布等。选用里料最重要的是与服装面料整体性相匹配，提高整件服装的美观性、舒适性等。

一、服装里料总述

服装里料是指在服装最里层，部分或全部覆盖服装里面的材料。里料在服装中起着非常重要的作用，常常用于中高档服装、有填充料的服装，以及面料需要加强支撑的服装等。使用里料大多可以提高服装的档次和增加服装的附加值。"只有选用恰当的里料，才能充分表现面料的特质，以达到表里合一的效果，才能衬托出服装款式的外观设计效果，以达到相辅相成、相映生辉的目的"。

（一）里料的分类

服装里料的分类方法较多，一般以里料所用原料、加工方式、服装材料组织、后处理方式等进行分类。

1. 依据加工工艺分类

（1）活里（图4-1）。加工后可以脱开的组合方式，加工制作较麻烦，但里料拆洗方便。对某种不宜洗的面料，采用活里的加工工艺较多。

（2）死里（图4-2）。面料与里料缝合在一起，不能分开的加工方式。死里加工工艺简单，制作方便，但固定缝制在服装上，不能拆洗。现在大部分服装采用这种加工工艺。

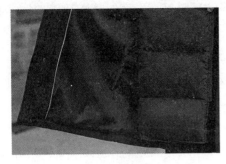

图 4-1　活里

图 4-2　死里

（3）半里。对经常摩擦的服装部位配里料的加工方式，一般用于比较简单的服装，比如夏季轻薄类服装。

（4）全夹里。指整件服装全部装配里料的加工方式。冬季、较高档服装大部分采用全夹里。

2. 依据材料分类

依据材料可将里料分为天然纤维里料、合成纤维里料、再生纤维里料、混纺和交织里料、裘皮里料等。

（1）天然纤维里料。天然纤维里料是指由自然界原有的或经人工培植的植物上、或人工饲养的动物上直接取得的纺织纤维加工而成的里料。天然纤维里料包括天然植物纤维里料和天然蛋白质纤维里料，常用的有棉布里料和真丝里料。

棉布里料的透气与吸湿性好，不易产生静电，保暖性好，穿着舒适，后处理时可降解，不污染环境；缺点是穿着不滑爽，摩擦后纤维易掉落而粘附内衣。此类多用于童装、夹克衫等休闲类服装。

真丝里料吸湿、透气、滑爽，质轻而美观，最接近人的皮肤感，穿着舒适；后处理时可分解，不污染环境。缺点是尺寸稳定性差，色牢度不够，且加工缝制比较困难，多用于裘皮类、纯毛及真丝等高等服装。

（2）合成纤维里料。合成纤维里料是指用合成高分子化合物做原料而制得的化学纤维加工而成的里料。合成纤维里料最大的特点是强度大、弹性好，主要有涤纶里料和锦纶里料。合成纤维里料由于价廉、撕裂强度大，适合大众类服装，是目前使用最广泛的一种里料，占里料市场 90% 的份额。随着人们生活水平的不断提高，对穿着舒服性、环保性提出越来越高的要求，而涤纶、锦纶里料由于其本身存在的缺点，在高档服装上已很少使用。

（3）再生纤维里料。再生纤维又叫作人造丝，是将稻草、树皮等天然纤维素或大豆、牛奶等天然蛋白质，经处理后纺丝而成。常见的再生纤维里料主要有黏胶纤维里料、铜氨纤维里料和醋酯纤维里料。

（4）混纺和交织里料。混纺和交织里料以不同纤维混纺纱线或用不同纤维纱线交织而成，包括涤棉混纺里料和醋黏混纺里料等，能同时体现出天然纤维和合成纤维的特点，是大衣、西装、夹克等服装的传统里料之一。

（5）裘皮里料。裘皮是指带毛鞣制而成的动物毛皮，常见的有狐皮、貂皮、羊皮和狼皮等。常见的裘皮里料主要有山羊毛皮、绵羊毛皮等。如图4-3为羊毛里料。

3. 依据服装材料组织分类

根据经纬纱的交织规律，可把里料分为平纹里料、斜纹里料、缎纹里料、小提花里料（图4-4）等，应用最多的是平纹里料。

图4-3 羊毛里料

图4-4 提花里料

4. 依据后处理方法与加工工艺分类

根据后处理方法和加工工艺不同，可将里料分为本色里料、漂白里料、丝光里料、防羽里料（图4-5）、印花里料（图4-6）和色织里料（图4-7）等。

图4-5 防羽里料

图4-6 印花里料

图4-7 色织里料

根据不同的加工工艺，里料可分为梭织里料、针织里料（图4-8）等。

图 4-8　针织里料

（二）里料的标准与要求

1. 里料质量的标准

我国服装里料的发展研究进步很快，各种各样的里料应运而生，由于品种太多，无法制定统一标准，各生产企业按纤维服装材料国家标准执行，以评分为检验标准。服装企业根据自己的需要也各自制定了企业标准。

2009 年制定的里料国家标准《里子绸》（GB/T 22842—2017）是第一部关于服装里料的国家标准，适用于涤纶、锦纶、醋酯、黏胶、铜氨长丝纯织和以上连续长纤维交织而成的各类服装里料的品质。

（1）技术要求。里料的技术要求包括密度偏差率、质量偏差率、幅宽偏差率、外观疵点等外观质量。里料的评等以匹为单位。质量、纤维含量偏差率、撕破强力、纰裂程度、尺寸变化率、色牢度等按匹评等。色差、密度、幅宽、外观疵点等按匹评等。

（2）品质要求。里料的品质由内在质量、外观质量中的最低等级项目评定，其等级分为优等品、一等品、二等品，低于二等品的为等外品。

（3）安全性能。里料的基本安全性能应符合生态纺织品检测新标准《国家纺织产品基本安全技术规范》（GB 18401—2010）。

2. 里料性能的要求

为使里料与面料结合产生良好的服装效果，里料必须具备一定的性能，主要包含以下方面：

（1）悬垂性。里料应柔软、悬垂性好，假如里料过硬，则与面料不贴合。

（2）抗静电性。里料应具有较好的抗静电性，否则穿着时会贴身、缠体而引起不适，且会使服装走形，在某些特定环境还有可能引起火灾，或对环境产生干扰。

（3）洗涤和熨烫收缩。里料的洗涤和熨烫缩率应小，较大的缩率会给服装的加工及使用带来麻烦。

（4）防脱散性。有些服装材料会在裁边处产生脱散，或在缝合处产生脱线（或称"拔丝"），给加工和使用带来问题，所以应选用不易脱散、脱线的服装材料做里料。

（5）光滑程度。要使服装穿脱方便，则里料需要光滑、有较小摩擦，但过于光滑的里料，服装加工中会有困难，因而光滑程度应适当。

（6）耐磨性。服装穿着时某些部位经常受到平面磨损或曲面磨损，要求里料具备较好的耐磨性。

不同服装对里料性能的要求不同，即使同类服装，冬装要求保温好，夏装则更多地要求透气、吸湿。

3. 里料的作用

（1）使服装美观。增加里料可以使服装整体更加美观，可以遮盖不需外露的缝份、毛边、衬布等，并获得好的保形性。对于薄透面料的服装而言，里料可以作为填充布，而不致使人体直接裸露在外，起遮掩作用，夏装用得比较多；对于易拉长的面料而言，里料可以限制服装面层的伸长，并减少服装的褶皱和起皱。此外，带光滑里料的服装，不会因人体活动摩擦而产生扭动，可保持服装美观的外形。

（2）保护面料和穿脱方便。有里料的服装可以防止汗渍渗入面料，减少人体或内衣与面料的直接接触，尤其是呢绒和毛皮服装，能防止面料（反面）因摩擦而起毛，延长面料使用寿命。此外，光滑的里料使服装穿脱方便，同时也可以避免汗渍渗到面料上，防止面料被汗渍腐蚀。

（3）塑型和保暖。里料可以使服装具有挺括感和整体感，特别是面料较轻薄柔软的服装，可以通过里料来达到坚实、平整的效果。对于有较大镂空花纹的面料，配一定色彩的里料，能使面料更美观，同时带里料的服装（如春、秋、冬季服装）可增加厚度，能对人体起到一定的保暖和防风作用。

4. 里料的选择

在选配服装里料时，应充分考虑到面料的性能、色彩、价格、使用、裁剪加工等因素，使服装里料与面料相配伍。选择时主要考虑以下方面：

（1）里料与面料性能配伍。服装的里料与面料会面临同样的穿着使用、洗涤维护等条件，所以里料的缩水率、耐洗涤性、强力、耐热性能等应与面料相似。

（2）里料与面料色彩配伍。里料与面料的色彩配伍应保证服装里料与面料的色彩协调美观。一般服装的里料与面料色调相同或相近，且里料颜色不深于面料，以防面料沾色。有时里料与面料互为对比色会产生特别效果。

（3）里料的实用性和方便性。里料的质量对服装的影响不容忽视。里料应光滑、耐用，使服装穿脱方便，能保护面料，并根据季节的需要具备吸湿、保暖、防风等性能。里料的色牢度也要好，避免出汗或遇水导致落色而沾染面料或内衣。

（4）里料和面料的裁剪加工方法配伍。里料与面料相对应的裁片应均沿经向、纬向或斜向裁剪，使用方向要统一，这样在穿着中受力、延伸、悬垂等性能差异不大，使服装保持良好的外形并穿着舒适。

（5）里料与面料价格相称。从经济与实用等多角度综合考虑，里料与面料在价格方面也应相称，即高档面料用高档里料、低档面料用廉价里料。

二、常用的里料

（一）棉布里料

棉布里料既有机织面料也有针织面料，多经磨毛整理，该里料吸湿、透气性好，对皮肤无刺激性，穿着舒适，不脱散，花色较多，且价格较低，不足之处是不够光滑，穿脱不够方便。

棉布里料的主要品种有绒布、细平布、中平布、条格布等，多用于棉面料的休闲装、夹克衫、童装等服装。

（1）绒布（图4-9）。绒布是指经过拉绒后表面呈现丰润绒毛状的棉面料，分单面绒和双面绒两种。单面绒组织以斜纹为主，也称哔叽绒；双面绒以平纹为主。绒布布身柔软，穿着贴体舒适，保暖性好。常用作里料的绒布有本色绒、漂白绒、什色绒、芝麻绒等，一般用作冬季服装、手套、鞋帽的里料。

（2）细平布（图4-10）。细平布又称细布，是采用19特克斯（tex）以下的细特棉纱织成的平纹服装材料，经纬纱的线密度和服装材料中经纬纱的密度相同或相近，特点是布身细洁柔软，质地轻薄紧密，布面杂质少。

图4-9 绒布

图4-10 细平布

（3）中平布（图4-11）。中平布也称市布或白市布，采用22~30 tex 的棉纱织成的服装材料，其特点是结构较紧密，布面平整丰满，质地坚牢，手感较硬。常用作中低档夹克衫等服装里料。

（4）条格布（图4-12）。条格布属于色织物，经纬纱用两种或两种以上的颜色间隔排列，花型多为条子或格子。条格布里料组织大多采用平纹，也有用斜纹、小花纹、蜂巢、纱罗组织。条格布布面平整，质地轻薄，条格清晰，配色协调，花色明朗。根据颜色深浅不同，条格布可分为深条格布和浅条格布。

图 4-11 中平布

图 4-12 条格布

（二）真丝里料

真丝里料主要是梭织熟丝面料。这种里料属于高档品种，柔软、光滑，色泽艳丽，吸湿、透气性好，对皮肤无刺激性，不易产生静电，凉爽感好，但不坚牢，缩水较大，价格较高。

真丝里料的主要品种有洋纺、电力纺、真丝塔夫绸、真丝斜纹绸、软缎、绢丝纺等，常用于裘皮服装、皮革服装、纯毛服装、真丝服装等。

1.洋纺

洋纺（图 4-13）是一种比较轻薄的丝面料。面密度在 20 g/m² 以下的轻磅电力纺，其外观呈半透明状，又称为洋纺。洋纺质地比电力纺更轻薄、柔软，外观呈半透明状，结构与电力纺相同，习惯上单独成为一个品种，可用作衬裙、里料、西裤膝盖绸、灯罩里等。

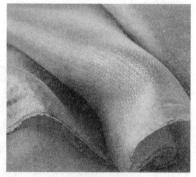

图 4-13 洋纺

2.电力纺

电力纺（图 4-14）是桑蚕丝生丝类服装材料，以平纹组织织制，因采用厂丝（指缫丝厂用机械缫制的生丝）和电动丝织机取代土丝（指手工缫制的生丝）和木机织制而得名。电力纺品种较多，按面密度不同，有重磅（70 g/m² 以上）、中磅（20~70 g/m²）、轻磅（20 g/m² 以下）之分。

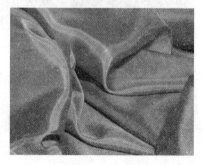

图 4-14 电力纺

按染整加工工艺不同，有练白、增白、染色、印花之分。电力纺产品常按地名命名，如杭纺（产于杭州）、绍纺（产于绍兴）、湖纺（产于湖州）等。

电力纺质地紧密细洁，手感柔挺，光泽柔和，穿着滑爽舒适，一般用作中档服装的里料。

3. 真丝塔夫绸

真丝塔夫绸（图4-15）又称塔夫绢，是一种以平纹组织织制的丝织品。真丝塔夫绸的经丝采用两根有捻有色熟丝并捻而成，纬丝采用三根有捻有色熟丝并捻而成，且经纬密度均较高，经密＞纬密。塔夫绸的优点是紧密细洁，绸面平挺，光滑细致，手感硬挺，色彩鲜艳、光泽柔和明亮，不易沾灰；缺点是易起折痕，不易熨平。主要用作裘皮服装、皮革服装的里料。

4. 真丝斜纹绸

真丝斜纹绸（图4-16）又称真丝绫或桑丝绫，是纯桑蚕丝面料，采用斜纹组织织制。根据服装材料平方米质量，分为薄型和中型。真丝斜纹绸质地柔软光滑，光泽柔和，手感轻盈，花色丰富多彩，穿着凉爽舒适，广泛用作休闲西服、夹克、大衣里料。

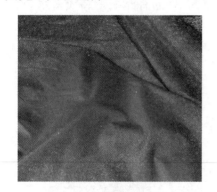
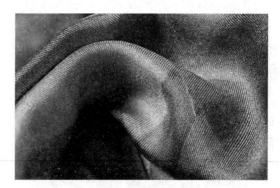

图4-15　真丝塔夫绸　　　　　　　　　图4-16　真丝斜纹绸

5. 软缎

软缎（图4-17）采用八枚缎纹组织。软缎经丝为20/22 D桑蚕丝，可根据需要单根做经，也可用两根丝线并合；纬丝用120 D有光粘胶人造丝。软缎采用缎纹组织，且经纬丝线均无捻或弱捻。软缎平滑光亮、手感柔软滑润、色泽鲜艳、明亮细致，是常用的高级服装里料。

6. 绢丝纺

绢丝纺（图4-18）又称绢纺，是用桑蚕绢丝织制的平纹纺丝类服装材料。坯绸经精练成练白绸，也可染成杂色或印花。当用精练染色绢丝色织时，便可织得彩格绢丝纺，又称绢格。绢丝纺手感柔软，有温暖感，质地坚韧，富有弹性，穿着舒适凉爽。适宜做男女衬衣、睡衣裤里料。

（三）涤纶丝里料

（1）涤塔夫（图 4-19）。涤塔夫也叫作涤丝纺，是一种全涤薄型面料，用涤纶长纤维织造，外观光亮，手感光滑。涤塔夫经过染色、印花、轧花、涂层等后处理，具有质地轻薄、耐穿易洗、价廉物美等优点，一直用作各类服装里料及箱包的衬里辅料，其手感滑爽，不黏手，富有弹性，光泽明亮刺眼，颜色鲜艳夺目，不易起皱，缩水率＜5%。

图 4-17　软缎　　　　　　图 4-18　绢丝纺　　　　　　图 4-19　涤塔夫

（2）轻盈纺（图 4-20）。轻盈纺用涤纶 FDY 有光线织成，服装材料组织一般为平纹，有半轻和全轻两种：半轻是经线采用 50 D 的有光线，纬线采用 50 D 的长纤维；全轻是经纬线都采用 50 D 有光线——三角异形线，两种都是平纹组织，轻盈纺布面质量精细稳定，颜色亮丽，手感好，可以经复合、压延、涂层，以及各种轧花、印花等深加工制成成品，成品柔软、亮丽，一般用作女式服装的里料。

（3）五枚缎（图 4-21）。五枚缎也叫作色丁，通常有一面很光滑，亮度好，主要用作各类女装、睡衣或内衣的里料，该产品流行性广，光泽度、悬垂感好，手感柔软，有仿真丝效果。

图 4-20　轻盈纺　　　　　　　　　图 4-21　五枚缎

（4）半弹春亚纺（图 4-22）。布料经线采用涤纶 FDY60 D/24 F，纬线采用涤纶拉伸变形丝 DTY100 D/36 F，经纬密度为（386×280）根 /10 cm，选用平纹组织变形交织而成。坯布经过软化、减量、染色、定型等工艺加工，布面以涤纶丝光泽表现其风格特色，具有手感柔软滑爽、不易破裂、不易褪色、光泽亮丽等优点。经机械高温整烫轧光轧花工艺等深加工，使里料色泽亮丽、手感柔和、透气性好，其中轧花里料与提花里料常用作西服、套装、夹克衫、童装、职业装等衬里。

（5）舒美绸（图4-23）。舒美绸以涤纶全拉伸丝和拉伸变形丝为原料，采用斜纹组织。坯绸经整理后，手感柔软、光泽亮丽、无静电，产品适于制作中高档西服、风衣、皮装等。正面以人造丝来表现其风格特色，具有手感柔软滑爽、不易褪色起皱、光泽亮丽、牢度强等优点，不但适宜用作休闲服和唐装的里料，而且也是时尚箱包的里衬布。

图4-22　半弹春亚纺

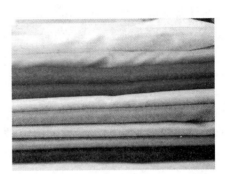

图4-23　舒美绸

（四）锦纶丝里料

（1）尼丝纺（图4-24），又称尼龙纺，为锦纶长丝织制的纺丝类服装材料。根据面密度，可分为中厚型（80 g/m²）和薄型（40 g/m²）两种。尼龙纺坯绸的后加工有多种方式，有的可精练、染色或印花；有的可轧光或轧纹；有的可涂层。经增白、染色、印花、轧光、轧纹的尼龙纺，服装材料平整细密，绸面光滑，手感柔软，轻薄而坚牢耐磨，色泽鲜艳，易洗快干，可作为中低档服装里料。涂层尼龙纺不透风、不透水，且具有防羽绒性，可用作滑雪衫、羽绒服、登山服的面料和里料。

（2）尼龙塔夫绸（图4-25）。尼龙塔夫绸与涤塔夫一样，属纺丝类塔夫绸，其服装材料为平纹组织，仿真丝塔夫绸织制，用作各类中低档服装的里料。

图4-24　尼丝纺

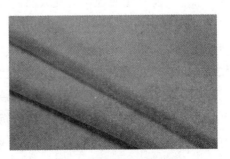

图4-25　尼龙塔夫绸

（五）氨纶

氨纶（图4-26）具有高伸长、高弹性的特点，伸长率可达480%~700%，弹性回复率高，穿着舒适，没有压迫感，并有较好的耐酸、耐碱、耐磨性、耐海水性、耐干洗性。但氨纶强力低，吸湿性差。氨纶主要用于织制有弹性的布料，一般将氨纶丝与其他纤维纱线制成包芯或加捻纱后使用。

（六）维纶

维纶（图4-27）洁白如雪，柔软似棉，因而常用作天然棉花的代用品，人称"合成棉花"。维纶的吸湿性能是合成纤维中最好的。维纶的耐磨性、耐光性、耐腐蚀性都较好，强度高，不怕霉蛀。但服装材料耐热性差，易收缩，尺寸保持性不好，穿着易起皱。

（七）氯纶

氯纶（图4-28）有"天美龙""罗维尔"之称。氯纶的优点较多，耐化学腐蚀性强，因导热性能比羊毛差，保暖性强，电绝缘性较高，难燃。此外，它还有一个突出的优点，即用它织成的内衣裤可治疗风湿性关节炎或其他伤痛，且对皮肤无刺激性或损伤。氯纶的缺点也比较突出，即耐热性较差。

图4-26　氨纶　　　　　图4-27　维纶　　　　　图4-28　氯纶

（八）再生纤维

（1）美丽绸（图4-29）。美丽绸又称美丽绫，属于纯黏胶丝绫面料，用3/1斜纹或山形斜纹组织制织，绸面光亮平滑，斜纹纹路清晰，反面暗淡无光，该里料舒适坚牢、耐磨，穿脱方便、厚度适中、颜色丰富、易于热定型、成衣效果较好，但其湿强力较低、缩水率较大、容易折皱、不耐水洗。一般以浅灰、咖啡、酱红、黑色为主，是西服、毛皮大衣、呢绒大衣和羽绒服等服装的理想里料。

（2）富春纺（图4-30）。富春纺是黏胶丝（人造丝）与棉型黏胶短纤纱交织的纺丝类服装材料，一般经密＞纬密。服装材料经染色或印花，绸面光洁，手感柔软滑爽，色泽鲜艳，光泽柔和，吸湿性好，穿着舒适不贴身，但耐磨性差，易起毛起球，且湿强力低，可作为丝绒服装里料，也可作为皮箱里料。

（3）有光纺（图4-31）。有光纺也属于黏纤丝绸类产品。经纬均采用133.3 dtex的有光黏纤丝，平纹组织，组织与电力纺相似，其绸面平挺、洁白，手感柔软、爽滑而不沾体肤。

图 4-29　美丽绸

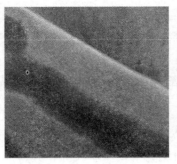

图 4-30　富春纺

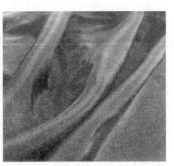

图 4-31　有光纺

（九）醋酯丝

醋酯丝（图 4-32）表面光滑柔软，具备高度贴附性能和舒适的触摸感觉，以其良好的舒适性与多样化的品种成为中高档服装常用的里料，其手感、光泽、质地与丝质里料相似，有薄、中、厚及平纹、斜纹、缎纹、提花等多种规格，长期以来一直被用作中高档女装里料。

（十）铜氨丝

铜氨丝（图 4-33）是以棉籽绒为原料，经过铜氨溶液溶解抽丝而制成，它的特征包括以下方面：首先，有生物降解性——在有机土壤中易分解；其次，吸湿性好，一年四季都能保持衣服内舒适的湿度和温度，具有冬暖夏凉的功效，抗静电性也好；再次，铜氨丝面料洗涤后不易残留洗涤剂，对肌肤的摩擦刺激少，可以很好地呵护肌肤；最后，铜氨丝纤维具有优异的染色性和显色性，可以染成各种鲜艳的颜色。铜氨丝可用作高档服装里料。

图 4-32　醋酯丝

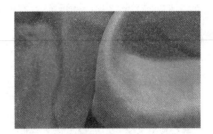

图 4-33　铜氨丝

（十一）混纺和交织里料

混纺服装里料即用两种或两种以上不同成分的纤维纺成的混纺纱织成的服装里料，而交织里料是指经纬向用不同成分的纱或长丝织成的服装里料。

1.混纺里料

目前应用最广的混纺里料是涤棉混纺里料，它采用涤纶与棉混纺，既突出了涤纶的风格，又具有棉面料的长处，在干、湿情况下弹性和耐磨性都较好，尺寸稳定，缩水率小，具有挺拔、不易皱褶、易洗、快干的特点。

涤棉混纺里料的缺点是其中的涤纶纤维属于疏水性纤维，对油污的亲和力很强，容易吸附油污，而且穿着过程中易产生静电而吸附灰尘，难以洗涤，且不能用高温熨烫和沸水浸泡。

涤棉混纺里料是我国在 20 世纪 60 年代初期开发的一个品种，具有挺括、滑爽、快干、耐穿等特点，深受广大消费者的喜爱。当前，混纺品种已由原先的 65% 涤纶与 35% 棉的比例发展成为 55：45、50：50、20：80 等不同比例的混纺面料，常用的服装材料组织为平纹、斜纹等，其目的是为了适应不同层次消费者的需求，常用作夹克衫里布、腰里布、鞋里布、内衣里布和箱包里布等。

2. 交织里料

交织里料是指利用不同成分的纱分别做经纱和纬纱而织成的服装材料。交织里料的基本服用性能是由组成服装材料的原料、服装材料组织与染整加工所决定的，其中原料是基础。不同的使用目的，对原料有不同的性能要求。常见的交织里料主要包含以下方面：

（1）羽纱。羽纱（图 4-34）是用有光黏胶丝做经，棉纱做纬，以斜纹组织织制丝面料，又称棉纬绫，纬向用棉股线的称棉线绫。羽纱织后经炼染，服装材料纹路清晰，手感柔软，富有光泽，但缩水率大，主要用作中低档服装里料。

（2）华春纺。华春纺（图 4-35）是用涤纶长丝与涤黏混纺纱交织的纺绸，服装材料平挺坚牢，有良好弹性和抗皱性，透气性和吸湿性较好。华春纺一般选用两根 30 D 涤纶长丝做经纱，先对一根涤丝加捻，S 向 8 捻 /cm，然后和另一根合并，再加 Z 向 6 捻 /cm 而成；也可直接用一根 68 D 涤丝加捻后做经纱，用 44 公支涤黏（65/35）混纺纱做纬纱。有时还利用涤纶和黏胶吸色性不同的特点把服装材料染成双色，使表面有星星点点的芝麻的效果，十分美观别致，常用作高档女装里料。

图 4-34　羽纱　　　　　　　　　　图 4-35　华春纺

（十二）其他里料

（1）裘皮里料。裘皮就是带毛鞣制而成的动物毛皮。常见的有狐皮、貂皮、羊皮和狼皮等。常用作冬季大衣、手套、皮靴等里料。

（2）网布。网布即具有网孔的服装材料，有机织网布、针织网布。网布的透气性好，经漂染加工后，布身挺爽。机织网布的织制方法一般有三种：第一，用两组经纱相互扭绞后形成梭口，与纬纱交织形成纱罗组织；第二，利用提花组织或变化穿筘方法，经纱以三根为一组，穿入一个筘齿，织出布面有小孔的服装材料，也称假纱罗；第三，采用平纹组织或方平组织，利用筘齿密度和纬密形成网孔（筛网）。针织网布可分两种，即纬编针织网布和经编针织网布，其中经编网布一般是用西德高速经编机织造，原料一般为锦纶、涤纶、氨纶等。针织网布的成品很多，叫法不一。网布常用作运动衣里料。

（3）长毛绒。长毛绒又称海虎绒，是一种经起绒服装材料，机织长毛绒由三组纱线交织而成。地经、地纬均用棉纱，起毛经纱用精纺毛纱或化纤纱。地经、地纬两组棉纱以平纹交织形成上、下两幅底布，起毛纱连接于上下两幅底布之间，织制成双层绒坯。双层绒坯经剖绒机刀片割开，就成为两幅长毛绒坯布。再经长毛绒梳毛机将毛丛纱线梳解成蓬松的单纤维，经剪毛机将毛丛纤维表面剪平，即成素色长毛绒。长毛绒的绒毛高度一般为5~20 mm，面密度为350~850 g/m²。长毛绒服装材料具有长长的绒毛，绒面丰满平整，富于膘光，保暖性好，外观酷似裘皮，主要用作大衣、棉袄、棉裤等冬季服装里料。

（4）针织里料。针织面料是由纱线通过织针有规律的运动而形成线圈，线圈和线圈之间再互相串套起来而形成的服装材料。针织面料质地松软，除了有良好的抗皱性和透气性外，还具有较大的延伸性和弹性，适宜于用作内衣、紧身衣和运动服等的里料。

第二节　粘合衬

粘合衬是服装工业现代化的重要标志，粘合衬以粘代缝，既简化了服装加工工艺，又使服装向轻、薄、软、挺发展。随着粘合衬生产技术的不断改进，粘合衬的质量不断提高，已经成为应用最广泛的服装衬料（图4-36~图4-40）。

图 4-36　领衬

图 4-37　有纺衬

图 4-38　无纺衬

图 4-39 黑色纸衬

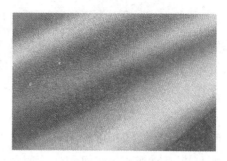

图 4-40 弹力衬

一、粘合衬的分类

粘合衬即热熔粘合衬，是将热熔胶涂于底布上制成的衬布。粘合衬的粘合剂就是热熔胶，被粘物就是底布和面料。衬布与面料的粘合是在一定时间范围内进行加热、加压，使被熔化的热熔胶浸润并渗入面料和底布纱线纤维的缝隙间，冷却固化后衬布和面料便牢固地粘在一起，使服装达到挺括美观并富有弹性的效果。粘合衬的品种繁多，一般分类如下。

（一）依据基布分类

粘合衬依据底布的不同可分为梭织粘合衬、针织粘合衬和非织造粘合衬。

（1）梭织粘合衬。通常而言基布为纯棉或棉与化纤混纺的平纹服装材料，它的尺寸稳定性和抗皱性较好，多用于中高档服装。

（2）针织粘合衬。针织粘合衬包括经编衬和纬编衬，基布为经编或纬编针织物面料，它的弹性较好，尺寸稳定，多用于针织面料和弹性服装。针织粘合衬和梭织粘合衬统称为有纺粘合衬。

（3）非织造粘合衬。基布是以化学纤维为原料制成的非织造布，非织造粘合衬又称无纺粘合衬。非织造粘合衬生产简便，价格低廉，应用广泛。

（二）依据热溶胶种类分类

依据热熔胶种类分类，分为聚酰胺、聚乙烯、共聚酯等类型。

（1）聚酰胺（PA）粘合衬布，它的特点是价格较高，耐干洗极好，不耐热水洗涤，粘合强度高，弹性、悬垂性优良，低温手感柔软，热压温度在 100 ℃ ~120 ℃，适用于耐干洗的高档服装，持久耐用。低熔点聚酰胺适用于毛皮、丝绸面料的粘合，家用电熨斗在 95 ℃ ~120 ℃ 即可使衬布与面料牢固粘合，具有较好的粘合强度，多用于衬衫、外衣等。

（2）聚乙烯（PE）粘合衬布。高密度聚乙烯（HDPE）具有较好的水洗性能，但温度及压力要求较高，多用于男式衬衫；低密度聚乙烯（LDPE）具有较好的粘合性能，但耐洗性能较差，多用于暂时性粘合衬布。总体而言，聚乙烯粘合衬的特点是价廉、耐水洗性好、耐干洗性差、压烫粘合温度较高（160 ℃ ~190 ℃）、粘合强度较低、手感稍硬，适用于衬衫领衬，不适用于对热较敏感的面料，如裘皮、丝绸等。

（3）共聚酯（PES）粘合衬，它具有较好的耐洗性能，对涤纶纤维面料的粘合力尤其强，多用于涤纶仿真丝面料。

（4）乙烯—醋酸乙烯类（EVA）粘合衬布，它具有较强的粘合性，但耐洗性能差，多用于暂时性粘合，压烫温度为 100 ℃左右。

（5）聚氯乙烯（PVC）粘合衬，它有很好的粘合强度和耐洗性能，但手感较差，主要用作雨衣粘合衬。

（6）乙烯—醋酸乙烯—乙烯醇（EVAL）粘合衬。用它作为热熔粘合剂涂布的粘合衬具有较高的剥离强度，手感柔软，压烫条件温和（120 ℃ ~150 ℃），有良好的耐水洗和耐干洗性能，广泛应用于丝绸、裘皮、皮革等热敏感面料的服装衬布。

（三）依据涂布方法分类

依据涂布方法可分为粉点粘合衬、浆点粘合衬和双点粘合衬。

（1）粉点粘合衬（图 4-41）。将粘合剂微粒撒在滚筒的凹坑内，然后压印在基布上，形成有规律且分布均匀的粉点粘合衬；也可以用撒粉法形成无规律的粉点粘合衬。粉点涂层的粘合衬工艺简单、成本低，但弹性手感较差。

（2）浆点粘合衬（图 4-42）。先将热熔胶调成糨糊状，然后通过圆网将胶粒粘在基布上，形成胶粒大小分布均匀的浆点粘合衬。采用浆点涂层的粘合衬主要用于质地轻薄、手感柔软的女装，对粘合力要求不高的服装以及服装小部位用衬。

（3）双点粘合衬（图 4-43）。当底布与面料的粘合性能不同时，在底布上涂两层重叠的不同种类的热熔胶，下层胶与底布粘合，上层胶与面料粘合，以获得理想的粘合效果。双点涂层可以是一层粉点一层浆点，也可以是双粉点或双浆点。双点衬适用质量要求高和难粘合的服装面料。例如，选用热固型聚亚氨酯做底浆，共聚酰胺做涂粉，产品手感好，粘合力强，耐干洗、水洗，不渗胶，但成本较高，适用于中、高档服装。

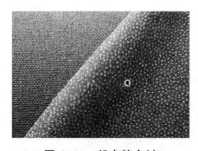

图 4-41　粉点粘合衬　　　　图 4-42　浆点粘合衬　　　　图 4-43　双点粘合衬

（四）依据涂层点几何形状分类

依据涂层点几何形状分为网状粘合衬、裂纹复合膜状粘合衬、无规则撒粉状粘合衬、计算机点状粘合衬、规则点状粘合衬和有规则断线状粘合衬。

二、粘合衬的质量

（一）粘合衬的质量要求

（1）涂布均匀。粘合衬布上热熔胶涂布均匀，与面料粘合能达到一定的剥离强度，在使用期限内不脱胶。

（2）适当的粘合温度。粘合衬布能在适宜的温度下与面料压烫粘合，压烫时不会损伤面料和影响手感。

（3）适当的热收缩性。衬布的热压收缩与面料一致，压烫粘合后，具有较好的保形性。

（4）不渗胶。粘合衬经压烫加工后，绝不允许热熔胶渗出面料或衬布的背面，否则会影响服装的外观和手感。渗胶现象不仅与热熔胶涂布不良有关，也与压烫方式有关，往往压烫温度过高会发生渗胶现象。此外，轻薄服装材料容易出现正面渗胶，故对轻薄服装材料最好选用胶粒细小、涂胶量较低的衬布。

（5）适当的缩水率。粘合衬布的缩水率要与面料相一致，粘合后与面料配伍良好，水洗后保持外观平整，不起皱、不打卷。

（6）耐洗牢度好。永久粘合型粘合衬布必须有良好的耐洗性能，耐干洗或耐水洗，洗后不脱胶、不起泡。

（7）较好的随动性。粘合衬布要有较好的随动性和弹性，具有适宜的手感，能适应服装各部位软、中、硬不同手感的要求。新型合纤面料，特别是仿真丝和仿毛面料，经向、纬向都有较大的伸缩性，制成的服装潇洒飘逸，为此要求衬布在经向、纬向或对角线方向有一定的伸缩性，能随着面料的变化而变化，这是对高档次衬布提出的质量要求。

（8）有较好的透气性。热熔胶本身不透气，用热熔胶薄膜或热熔胶涂层连接成片，均会影响衬布的透气性能，因此衬布热熔胶采用不连续点涂方式，以保证衬布的透气性。

（9）具有抗老化性能。粘合衬布在储存期和使用期内，粘合强度不变，无老化、泛黄现象。

（10）良好的剪切和缝纫性能。剪切时不会沾污刀片，衬布切边也不会相互粘贴；在缝纫机上滑动自如，不会沾污针眼。在剪切时，由于机械摩擦作用，切刀的温度高，使热熔胶熔化黏结在切刀上而影响剪切，有时还会造成衬布的切口互相黏结。在制造衬布时应考虑到这些问题，使热熔胶对金属有较好的防黏性。

一种粘合衬布不需满足以上所有要求，在制作服装时，必须按照服装的使用要求和面料的性能来选择粘合衬布，满足其中某些主要性能即可。

（二）粘合衬的质量指标

1. 剥离强力

剥离强力是指粘合衬与被粘合的面料剥离时所需的力，剥离强力的大小用 N/（5 cm×10 cm）表示。剥离强力的影响因素包含以下方面：

（1）涂布量的大小：剥离强力随热熔胶涂布量的增加而增加，但过高的涂布量会影响服装材料手感并产生渗胶现象。

（2）涂层的加工方法和条件：涂层分布的均匀性、胶粒的转移情况、胶粒的熔融状态等，均会影响剥离强力。

（3）胶粒的分布密度：剥离强力随胶粒密度增大而提高。

（4）热熔胶的黏度：热熔胶或粉体熔融后黏度越大，剥离强力就越高。

（5）底布的影响：底布的纤维种类、组织规格、预处理的情况等，都会影响粘合衬的性能。

（6）面料的影响：面料纤维的种类、表面光洁程度、是否经过树脂整理或有机硅油整理等，会影响粘合衬性能的发挥。

（7）压烫加工的影响：压烫条件、压烫设备和压烫方式等，同样影响粘合衬的性能。

2. 尺寸稳定性

尺寸稳定性有三个含义：干热尺寸变化、水洗后的尺寸变化和粘合洗涤后的尺寸变化。

3. 硬挺度和悬垂性

衬布的手感可用硬挺度和悬垂性来表示。要求硬挺的衬布，可用硬挺度指标衡量其手感；要求柔软的衬布，可用悬垂性指标来衡量其手感。但更多的是凭人的触觉。

4. 耐洗涤性能

粘合衬布的耐洗涤性能包括耐化学干洗性能和耐水洗性能。耐洗涤性能应以粘合服装材料洗涤后剥离强力下降来表示，但直观的方法是以洗涤次数和洗涤后有无脱胶、起泡现象来鉴别。对于永久粘合性衬布而言，耐洗涤性能是一项非常重要的指标。

三、粘合衬的工艺与搭配

（一）粘合衬的压烫工艺

粘合主要取决于热熔胶的性能。常见热熔胶适应的粘合方式为：HDPE 胶适于机械干热粘合，手工难以粘合；LDPE、PES、PA、EVA 胶的衬布，最佳效果是机械粘合；PES、PA 胶的衬布，可用电熨斗粘合，也可用蒸汽粘合，但蒸汽压力必须足够。

粘合衬压烫工艺三要素是温度、压力和时间，不同的粘合衬有不同的工艺条件。服装粘合衬布的出现使服装加工更加合理、省力，服装外形更加保形、挺括、美观。但是在服装生产当中由于压烫工艺不当，使得服装面料与粘合衬粘贴不牢固，出现气泡、剥离的现象时有发生。

（二）粘合衬与面料的搭配

1. 服装面料与粘合衬布的搭配

选择一种合适的粘合衬布，不仅要注意面料和衬布之间的缩水率相接近，还要了解面料特征、面料的纤维成分、组织结构和表面处理等要素。

（1）面料的纤维成分。羊毛面料吸水后尺寸会增大很多，干燥后就会缩小，因此在选择衬布时，必须考虑衬布是否能与面料保持一致性，粘合衬布的经向要配合面料的经向特征，并注意在粘合过程中对含水率的控制；丝绸面料被称为热敏感面料，尤其是缎组织的面料，热和压力可使面料表面改变（如光面），所以在选用粘合衬布时应选热熔胶胶粒细小的种类；纯棉面料具有较高的耐热性，在热熔粘合过程中比较稳定，但是如果未经缩水处理，通常而言会有较高的缩水率，所以在选择粘合衬布时，必须注意两者的缩水率应相近；亚麻面料通常而言难粘合，所以要特别注意粘合方法，以获得一定的粘合牢度；涤纶和锦纶面料，热定型时所产生的折褶很难消除，应采用低于热定型的温度加工粘合衬布。另外，腈纶面料，必须选择低温的热熔粘合衬布。

（2）面料的表面状态。经过起皱、起绒等表面处理的面料，粘合衬粘合后很容易改变面料本身的风格，所以选用粘合衬时应特别注意。例如，泡泡纱、双绉等表面风格特征很容易被粘合加工时的压力所去除，所以应选用低压力粘合的衬布；绉绒、平绒、灯芯绒、海豹绒、鼠毛绒等，表面绒毛很容易受压力而破坏，选择衬布时需注意。

（3）面料的其他性能。在选择粘合衬时，还要考虑色泽、弹性、表面光滑程度、服装材料组织、厚度等。例如，巴里纱、雪纱绸、乔其纱、闪光服装材料等，当粘合这类面料时，往往会发生渗胶或产生云纹、色差现象，所以在选择粘合衬时，应注意颜色的区别，尽量采用细小胶粒的粘合衬布。如遇深色面料时，最好采用有色胶粒衬布，以避免反光和闪光的色差现象；面料为弹性针织布时，应选用具有相同弹性的粘合衬布，还要考虑经向弹性和纬向弹性一致，否则衣服很容易变形；绸缎、塔夫绸等表面光滑的面料，一定要选择细小胶粒而粘合力较强的衬布。

2. 两层或多层粘合衬的搭配

有些外衣的上装的胸幅、衬衣的领子等部位采用两层或三层衬布进行粘合，以增强服装局部的饱满程度和硬挺度，但对于第二层或多层衬布与第一层的要求是不一样的，因为面料与两层或三层的衬布粘合后形成一个很厚实的整体。当这个厚实体处于弯曲或者折叠时，最外层的服装材料处于绷拉状态，最里层处于挤压的状态，与面料粘合的第一层，处理不好会造成虚脱和起泡现象。为了避免这一现象的发生，要求第二层和第三层的衬布比第一层衬布稀松、柔顺、有伸缩性，第二层和第三层的胶粒点距较第一层可以稀一点。总体而言，第二层或多层的陪衬不可影响第一层的服用性能和粘合效果。

第三节　垫　肩

19世纪30年代后期人们开始将时装的设计重点从腰臀部转移到肩部，从此垫肩走进了人们的视野。垫肩虽小，却是服装不可缺少的辅料之一，对服装整体外观的影响很大。合理地选择和应用垫肩能有效提高服装产品的整体质量，美化服装的外观且穿着舒适。垫肩的应用范围很广，只要是外穿的服装，都可以考虑装垫肩（图4-44）。

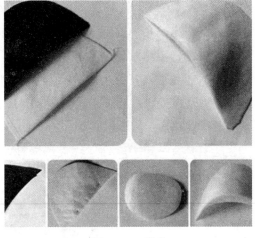

图4-44　垫肩

一、垫肩的类别

垫肩是衬在服装肩部的半圆形或椭圆形的衬垫物，是塑造人体肩部的重要服装辅料。人体的肩部是有斜度的，加入垫肩能减小肩斜，延长肩线，使肩部饱满。垫肩的分类方法有多种，主要常见的包含以下方面。

（一）依据主要作用分类

依据主要作用可将垫肩分为功能型和修饰型。功能型垫肩又称为缺陷弥补型垫肩，主要用于修正肩部的造型，主要适用于休闲类服装，厚度为3~5 mm；修饰型垫肩主要是用来对人体肩部进行修饰或彰显服装风格的一种服装工具。装饰型垫肩款式繁多、造型各异，主要适用于正装、时装等。同时，修饰型垫肩也兼具弥补缺陷的作用。

（二）依据成型方式分类

依据成型方式可分为热塑型、缝合型和切割型。

（1）热塑型。热塑型是利用模具成型和熔胶粘合技术，可制作出款式精美、表面光洁、手感适度的垫肩，广泛适用于各类服装。对于薄型面料时装而言，高级热塑型垫肩更是不可或缺的工具。

（2）缝合型。缝合型利用拼缝机及高头车等设备，可将不同原材料拼合成不同款式的垫肩，其产品造型及表面光洁度较差，多适用于厚型面料服装。

（3）切割型。用切割设备将特定的原材料（如海绵）进行切割而制成的垫肩。由于海绵易变形、易变色，这种类型的垫肩基本已被淘汰。

（三）依据使用材质分类

1. 定型垫肩

定型垫肩是使用 EVA 粉末，把涤纶针刺棉、海绵、涤纶喷胶棉等材料，通过加热复合定型模具复合在一起而制成的垫肩，此类垫肩多用于时装、女套装、风衣、夹克衫、羊毛衫等服装，这种垫肩具备一定的造型，使肩部造型圆润美观。

其中，海绵垫肩又分为三大类：平头（胚垫）、圆头、壳型。根据海绵质地的密度轻重、手感软硬分为中泡、硬泡、普通、普通加硬、特密、特密加硬、特硬；根据产品规格可分为标准型和加大型。此外，除标准定型产品外，还有非标准、异型及根据客户要求定制的各款垫肩。

2. 硅胶垫肩

硅胶具有一定柔软性、优良绝缘性、环保无毒、柔软舒适、易清洗。硅胶垫肩（图 4-45）常用于内衣，可避免肩部受文胸肩带的压力，同时防止肩带从肩部侧部侧滑。但硅胶的透气性差，除内衣外，在服装中的使用较少。

图 4-45　硅胶垫肩

3. 泡沫塑料垫肩

泡沫塑料垫肩是用聚氨酯泡沫压制而成的垫肩，主要用于西装、大衣、中山装、女衬衫、时装、羊毛衫等服装，在中低档服装中应用比较广泛，其特点是耐水洗，不易变形，柔软富有弹性，但耐热性差，不宜高温熨烫，容易老化发脆，所以使用时最好用布包住。

4. 化纤针刺垫肩

化纤针刺垫肩是一种纤维制品，是用黏胶短纤维、涤纶短纤维、腈纶短纤维等为原料，用针刺的方法复合成型而制成的垫肩，此种垫肩产品款式丰富，外观漂亮，弹性良好，款型稳定、耐用，而且价格适中，适用于各类服装，但多用在西装、制服及大衣等服装上。目前用得比较多的是针刺垫肩，其特点是质地轻柔，缝制方便，但弹性稍差，且不宜高温熨烫。

5. 棉及棉絮垫肩

棉及棉絮垫肩是用白细布填入棉花做成的垫肩，多用于棉中山装、棉大衣。为了适应大量生产的需要，减少不必要的手工工艺，都选用棉、毛毡定型压制而成的半成品垫肩，个人也可以根据实际需要减少或增加垫肩的厚度，这种垫肩的特点是柔软平整，可高温熨烫，但不耐水洗，且弹性较差，易起泡，价格较高。

二、垫肩的特性

垫肩作为服装肩部重要的服装配件，必须以人体的肩部构造为基础。完整地描述垫肩的特性，主要包含以下方面：

（1）颜色。垫肩的颜色一般呈现所使用材料的颜色，如衬料、无纺布、海绵等的颜色。但是有时为了增加垫肩的耐用性、手感等，在垫肩外面包裹一层里布，布料的颜色多种多样，因而垫肩呈现的颜色也不同。选配垫肩颜色时，要注意垫肩与服装面料的颜色匹配，一般垫肩的颜色要比面料的颜色略浅。

（2）形状。垫肩是以人体肩部的构造为基础进行设计的，所以垫肩的形状与人体肩部的形状相对应。但垫肩的作用不尽相同，有功能型垫肩或修饰型垫肩，所以垫肩的形状也有所变化。选择垫肩形状时，必须考虑服装整体的风格，起到增强服装整体表现力的作用。垫肩的形状有拱形垫肩（图4-46）、翘形加厚垫肩（图4-47）和龟形垫肩（图4-48）等。

  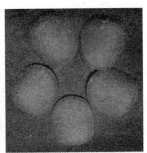

图4-46　拱形垫肩　　　图4-47　翘形加厚垫肩　　　图4-48　龟形垫肩

（3）规格。表达垫肩的规格一般采用长度、宽度、厚度、拱度，单位一般为毫米（mm）。

（4）弹性。良好的弹性能保证服装在受到外力后肩部不变形，保持原有的造型。

（5）密度。不同种类的垫肩，使用的材料不同，密度也有所不同。密度小，垫肩较柔软，塑形性差，适用于休闲类服装及夏季轻薄类服装；密度大，垫肩硬挺，可塑性好，适用于西服、大衣等造型性强的服装。

三、垫肩的选用原则

垫肩种类多样，性能各异，要充分发挥垫肩的作用，必须综合各方面的因素，合理选用。

（1）与服装面料性能相适应。垫肩应在颜色、厚薄、吸湿透气性、耐热性、缩水性、耐洗涤性、色牢度、坚牢度等方面与面料相匹配。例如，深色面料的服装，特别是薄型的夏装，最好选择深色的垫肩，避免反透垫肩的颜色，影响服装的质量。如果选用与面料不同颜色的垫肩，也应考虑染色牢度，以防相互染色。对于需高温定型、熨烫的服装，要考虑面辅料间的耐热性相同或相近。

（2）与服装造型风格相匹配。服装设计的造型与款式往往会受垫肩的影响，合理的垫肩能很好地表达设计师的设计意图，设计师可以借助适当的垫肩来完成服装的造型。服装的肩部要突出饱满挺拔时，应选择较厚的垫肩；柔软风格的面料应选择弹性好、质地轻的泡沫垫肩。

（3）能适应服装用途。需要经常水洗的服装，应选用耐水洗，且多次洗涤后不变形的垫肩；而需要干洗的服装，垫肩则要耐干洗，同时应考虑面料与垫肩在洗涤、熨烫过程中尺寸稳定性等方面的配合情况。

（4）与服装价格、成本和质量相匹配。服装材料的价格直接影响到服装的成本和利润，因此在能达到服装质量要求的前提下，一般应选择适宜的垫肩。但如果稍贵的垫肩可以降低劳动强度和提高质量，也可以考虑采用。

四、垫肩的装缝

（1）垫肩的预处理。垫肩装缝在有里服装和无里服装上，有不同的处理方法。半成品垫肩都是在有里的服装上采用的；而对于无里服装的垫肩，一般先用斜裁的同色里布将其包覆缝合，能有效地保护垫肩的材料，并能长久使用。对于轻薄柔软的面料，也可以采用同种面料包覆缝合，这种垫肩多用于衬衫、时装和羊毛衫等服装。

（2）垫肩的装缝位置。垫肩要装缝在服装肩部合适的位置，不仅可以增强服装的外观造型，而且使穿着者感觉舒适。无论是服装工业生产用的垫肩，还是个人制作服装的垫肩，都应当迎合人体体型的需要。

（3）垫肩的装缝工艺。垫肩的装缝工艺分为固定式和活络式。固定式是将垫肩永久性地缝在服装的肩部，不可任意取下，线迹要求密度适中、不松不紧；可拆卸式是可以从服装上随意取下的垫肩。可拆卸垫肩靠魔术贴、按扣或无形链等系结物固定于服装的肩部，这类垫肩要用相同面料或与面料同色的材料包覆，可以提高服装的质量和档次，这种装缝工艺的垫肩，常用于衬衫、针织服装或经常洗涤的服装，方便拆卸使用。

第四节　马尾衬

马尾毛硬直，表面光滑，光泽好，颜色乌黑的为黑马尾；花马尾纤维则以黄褐色为主，部分夹杂黄色、褐色、白色等。在显微镜下，马尾毛的横截面为圆形，中空，有髓腔，外壁厚实，纵向形态为头部细尖，中部平直，尾部有毛囊腺。

马尾衬按经纱为纯棉或涤棉纱可分为纯棉马尾衬和涤棉马尾衬，马尾衬所用的原料即为马尾以及棉或涤棉纱，常用的马尾为黄褐色，长度为 40~60 cm，平均细度为 140 μm。经纱采用 13.9 tex×2 纯棉纱或 13 tex×2 涤棉混纺纱，服装材料多为平纹组织也有为缎纹组织和破斜纹组织。

马尾衬（图 4-49）是由棉或涤棉纱为经，以马尾为纬织造而成的，这种衬布具有通透性好，活络率高，定型效果耐久，抗弯曲、冲击性强的特点，因此，它既挺括又不板硬，既富弹性又不瘫软，是一种软硬兼具的不可多得的服装辅料。马尾衬除具有毛衬所具有的优良的性能外，还具有如下性能：首先，优良的弹性，马尾衬的基布以动物纤维为主体，而马尾的弹性极佳，故马尾衬的弹性是其他类衬布无法比拟的；其次，具有各向异性的特点，由于马尾衬的组织结构及纤维选材，使其在经向具有贴身的悬垂性，纬向具有挺括的伸缩性；最后，优良的尺寸稳定性。

图 4-49　马尾衬

一、马尾衬的由来

从 20 世纪 30 年代开始，由于洋服（西服）的传入和中山装的提倡，我国开始生产手工制作的马尾衬布。当时国内民间少量使用的马尾衬是未经过定型整理只经过上浆的马尾衬，直至以后的很长一段时间我国的马尾衬多以坯布出口，经过后整理再投入使用。未经定型整理的马尾衬的最大缺点是在剪裁和制作以及服用过程中，衬中的马尾容易滑脱，受力后甚至伸出衬布乃至服装之外，刺激皮肤。此外，由于马尾在衬布中如挺直棒状，其弹挺性等各种优良性能也不能很好地发挥。因此，运用化学定型的整理技术，能够使马尾衬的风格和功能发挥得淋漓尽致，从而很大程度上保证和提高了高档西服的质量。

我国马尾衬的生产历史悠久，其产地主要集中在河北地区，可以生产各种规格和花色的马尾衬布，马尾衬的年产量可达 3 000 000 m，这些马尾衬除内销外还大量出口，著名的意大利西服使用的马尾衬中有 70% 是我国生产的。

二、马尾衬的生产工艺

为了使马尾毛能够用于衬布的织造，扩大其幅宽范围，尤其是在现代化设备上使用，必须将其首尾相接。因此，将马尾毛作芯纱，外包两根旋转方向相反的棉纱即可纺制成马尾包芯纱。由于马尾毛被棉纱所包缠，既增加了经纬纱之间的摩擦力，防止服装材料产生纰裂，同时又可将马尾毛连接起来纺成长纱，实现织造的现代化生产，并可以适应不同幅宽马尾衬布生产的要求。马尾毛头尾相连时，要求马尾毛间有少许的重叠或间隔（约 1 cm），否则在使用时会出现马尾毛头端伸出布面，产生扎刺感，这也是马尾包芯纱的关键工艺点。

（一）马尾衬的生产过程

马尾衬的生产工艺包括织造和后整理，要获得质量良好的马尾衬关键在于马尾纱的纺制质量和后整理工艺。通过定形整理可以使马尾毛在服装材料中呈规则的波浪弯曲状态，使经纱既可以小范围的运动，又不能滑脱蠕动，从而保证衬布良好的悬垂性能，且阻止了纱线与马尾毛之间的滑脱蠕动，提高了衬布的抗变形性和尺寸稳定性，其具体的工艺流程为：马尾毛和纯棉（T/C）混纺纱线—包芯马尾毛纱线—整经—织造—坯布检验—缝头—预洗—退浆—化学定形—机械定形—松弛处理—轧水烘干—树脂整理—成品检验—打卷成包。

马尾衬的加工技术关键是定型整理，定型整理就是通过化学、机械处理使马尾呈弹簧状并且定型，其机理可解释为大分子链间的二硫键、氢键、盐式键在化学试剂与外力作用下断裂而发生变形，这种形态通过重新建立起来的关键固定，从而使形态保持和稳定。通过定型整理可以使服装材料中的马尾呈规则的弯曲状，经纱则镶嵌在弯曲马尾的沟槽中，一方面使经纱既可以小范围运动又不致滑脱蠕动，从而保证衬布的良好的悬垂性能和生动活泼的风格；另一方面，马尾由挺直棒状变成弯曲如弹簧状，不但阻止了纱线及马尾的滑脱蠕动，更重要的是使马尾更有弹性，提高抗变形性和尺寸稳定性。经定型整理的马尾衬还要进行松弛收缩处理，以降低成品的缩水率，最后通过上浆和树脂整理使马尾衬布达到所要求的弹性和手感。

（二）马尾衬的后整理工艺

由于马尾毛刚性大，表明光滑，与棉纱交织成布后，马尾毛与纬纱交织在服装材料中不易弯曲，因此，在服装材料中纱线的状态为经纱弯曲，纬纱呈挺直状。在穿着过程中，棉纱极易沿着光滑的马尾毛方向滑移，使衬布产生纬向的纰裂，直接影响马尾衬的服用功能。马尾衬应具备一定的强度、滑脱性、变形与回复性。

马尾衬布关键的后整理工艺是定形和树脂整理。通过定形可以将服装材料中的马尾毛变成锯齿的弯曲状，以增加经纬纱间的摩擦力，使马尾毛不易沿弯曲的棉纱方向滑移，即使外力较大，也不会造成纰裂。通过适当的树脂整理，用具有很强粘附力的树脂将交织状态的经纬纱线相互粘合，也可以防止马尾衬布纰裂。

定形整理采用化学定形和机械定形法相结合。树脂整理可采用涂层方法或浸轧方式。若用涂层方法，一般涂布量应掌握在 4%~10% 范围，并通过带液率来控制涂层的质量。具体工艺为：常温涂层（或二浸二轧）—低温干燥—焙烘（110 ℃，2~3 min）。

（三）马尾衬的性能要求

马尾衬布目前尚无国家标准，企业可以参照黑炭衬标准进行测定和考核。马尾衬应具备以下性能：第一，优良的弹性。服装材料的弹性与经纬纱线的弹性有密切关系，马尾衬是以弹性很好的马尾毛为主体。因此，马尾衬的弹性是其他类衬布无可比拟的。第二，具有各向异性的特性。构成马尾衬的经纱为棉或涤棉混纺纱，纬纱为马尾包芯纱，经纬纱线在强度、弹性和伸长等方面有很大的差异。因此，马尾衬表现出明显的各向异性。第三，较好的尺寸稳定性。由于马尾衬基布经过定形和树脂整理，其干洗和水洗后尺寸稳定性较好，具有与面料缩率相匹配的性能。

对于马尾衬而言，折皱回复性能、透气率和缩水率是非常重要的指标。形变与回复性能是指着装过程中能表现人体和服装造型的一种综合特性。服装材料的形变量越大越易变形，回复量越大说明服装材料的服用性能越好。透气率直接影响服装材料的穿着舒适性能，而缩水率会对服装的尺寸稳定性有重要的影响。

（1）马尾衬的纬向折皱回复角＞经向折皱回复角。马尾衬的纬纱是粗硬的马尾包芯纱，衬布的纬向比经向要刚硬得多。在一定外力作用下，纬向比经向的抗形变能力强，表现出马尾衬的抗皱性很好。此外，马尾衬具有极快的形变回复速度，故马尾衬的活络率（织物抗弯曲性能的指标之一，活络率越大，织物的弯曲性能就越好）大、弹性足，是当前衬布中十分优秀的材料。

（2）马尾衬经后整理，透气率和缩水率明显降低。在整理前马尾衬的缩水率比较大，尤其是经向缩水率，但经过整理后，马尾毛弯曲定形，纱线在服装材料中的状态稳定，其成品的缩水率反而最低，表现出比其他毛衬更加优良的尺寸稳定性。

由此可见，首先，马尾毛光滑、粗硬，具有较好的弹性，是生产高档西服衬布的最佳原料；其次，高档马尾衬必须具备良好的弹性、尺寸稳定、透气良好、手感柔软，以适应服装挺括、富有弹性、穿着舒适、不易变形的要求；最后，马尾衬经定形整理后，尺寸稳定、手感良好、弹性最佳。现在也有用羊毛衬代替马尾衬的情况，尽管羊毛衬在透气性等方面非常好，但主要采用山羊毛的边角余料，表面毛羽多，所以手感逊色很多。

三、马尾衬在服装上的运用

马尾衬的特殊性能决定它的主要用途为高档西服的胸衬，马尾衬虽只是一件西服数十种辅料中的一种，但却是必不可少且举足轻重的。西服胸衬对衬布的性能要求为经纬软挺反弹性大，保形性与尺寸稳定性好，抗皱性优良，这些正是马尾衬的主要性能特征。国家服装质量技术监督检测中心曾通过对全国20家大型商场消费者的抽样问卷进行西服产品质量调查，获悉对西服"挺、柔、轻、薄、牢"五项质量要求中，消费者仍把挺括放在第一位，说明挺括是我国消费者目前对西服产品的首要要求。因此，马尾衬是高档西服胸衬的首选。

以马尾衬作为胸衬时马尾衬不能收省，只能用熨斗把马尾衬归烫成挺胸形，周边盖衬把胸部固定起来。衬布的省辑好、烫挺，将马尾衬用手针缝在前胸处，再把马尾衬的周边毛茬用盖衬压住，二衬扎成一体，然后辑八字针（图4-50），每隔1 cm为1行，辑满为止。胸衬辑完后，要归烫推门将衬布刷水烫，胸部往外推，袖隆处拉起，将胸部烫挺。

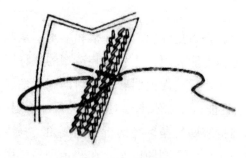

图4-50 八字针

第五节　扣

一、纽扣

纽扣被称为服装的"眼睛"，也被称为衣服上的"珍珠"。由此可见，纽扣兼具实用和装饰两大功能。纽扣分为扣纽和看纽，扣纽用于扣合衣服，主要体现实用功能；看纽则用于衣服上做装饰点缀。纽扣大约出现在公元 12 世纪。那时，男人把它缀在衣服上，作为装饰，恰如女人将贝壳串挂在脖颈上一样。由于其颇为独特的美观性，随后女式服装也开始采用。现代人将纽扣钉在袖口、肩头等部位，这恰恰在审美和装饰方面延续了中世纪的做法。后来，人们在生活中发现，纽扣不仅可以用来装饰，而且可以将其与衣服上的洞眼扣在一起，使敞开的衣襟更好地合拢，起到防寒保暖的作用。纽扣的发展渊远而流长，远古时期，衣服多系带。明清时期多为绊结。后随着手工业的发展，改用布条子打成葡萄结做衣纽，国外流入部分铜扣（图 4-51），疙瘩扣（图 4-52）、四眼扣（图 4-53）、带把扣也相继面世。20 世纪 50 年代，以胶木扣（图 4-54）、铜皮铆合扣为主。随着轻工产品应运而生，有机扣（图 4-55）、玻璃扣（图 4-56）、树脂扣（图 4-57）、电木扣、合金扣（图 4-58）、布包扣（图 4-59），以及竹、骨、木制扣（图 4-60）、化学材料仿真扣等先后上市。近年来，又出现了宝石纽扣（图 4-61）等新型纽扣。

图 4-51　铜扣

图 4-52　疙瘩扣

图 4-53　四眼扣

图 4-54　胶木扣

图 4-55　有机扣

图 4-56　玻璃扣

图 4-57　树脂扣

图 4-58　合金扣

图 4-59　布包扣

图 4-60　木制扣

图 4-61　宝石纽扣

纽扣种类很多，可按不同的分类方法分为很多种类，按结构可分为有眼纽扣（图 4-62）、有脚纽扣（图 4-63）、揿扣（按扣）（图 4-64）和其他纽扣（如编结盘花扣）（图 4-65）等；按材料可分为合成材料纽扣、金属材料纽扣（图 4-66）、天然材料纽扣（图 4-67）、其他材料纽扣（图 4-68）及组合纽扣等。较为常用的分类方法有两种，即以纽扣的结构分和以纽扣所采用的材料分。

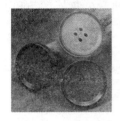

图 4-62　有眼纽扣

图 4-63　有脚纽扣

图 4-64　揿扣（按扣）

图 4-65　编结盘花扣

图 4-66　金属材料纽扣

图 4-67　天然材料纽扣

图 4-68　其他材料纽扣

（一）合成材料纽扣

高分子合成材料纽扣是目前世界纽扣市场上种类最多、数量最大、最为流行且颇受消费者欢迎的一类，它是现代化学工业发展的产物，与人们的日常生活有着极为密切的关系。从世界上最早出现的酚醛树脂、脲醛树脂到后来相继出现的尼龙、聚丙烯、聚苯乙烯、ABS（丙烯腈、苯乙烯、丁二烯的共聚物）及不饱和树脂等，均可用作生产纽扣的材料。合成材料纽扣有其优点和缺点：优点是色彩鲜艳，光泽亮丽，造型丰富，价廉物美，可批量生产；缺点是耐高温性能不如天然材料纽扣，容易污染环境。

1. 树脂纽扣

树脂纽扣（图4-69）是不饱和聚酯树脂纽扣的简称，该类纽扣以不饱和树脂为原料，加入颜料制成板材或棒材，经切削及磨光等加工工艺而成，有各种形状，如牛角形、月亮形、别针形等。树脂纽扣是合成材料纽扣中质量较好的一种，主要有耐磨、耐高温、耐化学性好等性能，具有良好的染色性能，可生产的产品花色多样、色泽鲜艳，具有良好的仿真性能，经过特殊的化学处理后，可以电镀。

彩图 4-69、4-72、4-73

图 4-69　树脂纽扣

树脂纽扣可按加工方式不同及产品特征差别分类，也可按纽扣扣眼孔分布方式分类。按前者可分为板材纽扣、棒材纽扣、压铸珠光纽扣、离心模具纽扣和裙带扣及扣环五大类。按后者则分为明眼扣（又分为两眼、三眼和四眼扣）和暗眼扣（又分为常规暗眼扣和带柄暗眼扣）。常见产品有磁白纽扣、平面珠光纽扣、玻璃珠光纽扣、云花仿贝纽扣、条纹纽扣、棒材纽扣（定型花）、珠光棒材纽扣、曼哈顿纽扣、裙带扣及扣环、牛角扣、刻字纽扣及数码纽扣等。树脂纽扣由于价格较高，多用于高档服装。

2. 尼龙纽扣

尼龙的学名为聚酰胺。尼龙纽扣（图4-70）是以聚酰胺类热塑性工程塑料为原料，采用较为简单的注塑法生产而成型的。尼龙纽扣的机械强度高，韧性好，具有良好的染色性和耐化学性。将珠光粉与尼龙混合注塑，可得到良好的珠光排列效果。尼龙纽扣多与ABS镀金件组合，做成高档次的珠光尼龙-ABS镀金组合纽扣。

3. 脲醛树脂纽扣

脲醛树脂纽扣是用脲醛树脂加纤维素冲压形成的，是合成树脂纽扣中最早的品种之一，迄今已有上百年历史，俗称"电玉扣"（图4-71）。与其他合成树脂纽扣相比，该类纽扣具有耐温性好、不易变形、硬度好、耐磨划性及耐有机溶剂较好等性能，缺点主要是其色彩不及树脂纽扣丰富，仿真性也不及树脂纽扣。故其在使用中体现得更多的是装饰性以外的性能，主要用于中低档服装、休闲服等。

图 4-70 尼龙纽扣

图 4-71 脲醛树脂纽扣

4. 有机玻璃纽扣

有机玻璃的英译音叫"亚克力"，是用聚甲基丙烯酸甲酯，加入珠光颜料制成棒材或板材，再经切削加工而成的，也称为珠光有机玻璃纽扣。该产品的优点主要有易着色，机械加工易成型，造型丰富多样，珠光使其色泽极为艳丽；缺点是耐磨划性差，不耐有机溶剂清洗，耐热性差。有机玻璃纽扣（图 4-72）曾作为高档纽扣，但由于其缺陷而逐渐被树脂纽扣所取代。

5. 塑料纽扣

塑料纽扣（图 4-73）是用聚苯乙烯注塑而成的，可以制成各种形状和颜色。其特点是耐腐蚀、价格低廉，但耐热性差，表面易擦伤。塑料纽扣多用于低档女装和童装。

图 4-72 有机玻璃纽扣

图 4-73 塑料纽扣

6. ABS 注塑及电镀纽扣

ABS 是指 ABS 树脂，全称为丙烯酸酯—丁二烯—苯乙烯共聚塑料，该类纽扣是利用 ABS 良好的热塑性及优越的电镀性能注塑并电镀而成的。ABS 注塑及电镀纽扣的特点为色彩艳丽，造型丰富，装饰感强，由于电镀使其具备更高的硬度、强度及更好的耐磨耐烫、抗腐蚀和抗洗涤性能。ABS 电镀纽扣（图 4-74）有多种分类方法，其中按镀层材料颜色分为镀金纽扣、镀银纽扣、仿金纽扣、镀黄铜纽扣、镀镍纽扣、镀铬纽扣、红铜色纽扣和仿古色纽扣等。随着人们对环保的日益重视，电镀纽扣逐步向镀层更环保、表面光泽更丰富、色彩更多样的方向发展。

图 4-74　ABS 电镀纽扣

7. 酪素纽扣

酪素纽扣（图 4-75）是用牛奶中的酪蛋白加工而成的，该类纽扣已有上百年的历史，该类纽扣的突出特点是质感如动物骨，花纹清晰，易染色，材质天然安全，但价格高昂。

8. 胶木纽扣

胶木纽扣（图 4-76）是用酚醛树脂加纤维素冲压而成的一类纽扣。其特点是色泽多样，具有较好的强度和耐热性能，不易变形，价格低廉，多用于中、低档服装。

图 4-75　酪素纽扣

图 4-76　胶木纽扣

（二）天然材料纽扣

天然材料纽扣是最古老的一类纽扣。理论上，可以将所有天然材料都加工成纽扣。天然材料纽扣随着所选材料的不同，各自有不同的特点。

1. 贝壳纽扣

贝壳纽扣（图 4-77）也叫作真贝纽扣，是世界上最早的纽扣品种之一，至今已有 300 多年历史。由于其原材料源于大自然，取材方便，故迄今为止其市场地位仍经久不衰。世界上贝壳种类繁多，但可用于纽扣生产的贝类则十分有限，这主要是因为人们对贝壳纽扣的要求。用于制作贝壳纽扣的贝壳必须具有鲜艳的色泽，质地均匀，且具有一定的韧性。另外还要求其易采集，资源丰富，价格适中。目前，国际上比较流行的用于制作贝壳纽扣的贝类主要有尖尾螺、鲍鱼贝、各种珠母贝（黑蝶贝、白蝶贝、马氏贝、企鹅贝、珍珠贝及淡水珍珠贝等）、淡水香蕉贝等，还有各种蝶螺、虎斑贝等。

图 4-77　贝壳纽扣

贝壳纽扣的主要特点是珍珠光泽柔和，有重量感，质地坚硬，传热快，使人体皮肤接触后有凉爽感，耐有机溶剂清洗，属天然产品；不足之处主要是材质较脆，不耐冲击，不耐双氧水，不耐酸，色牢度较树脂纽扣略差，厚度不统一，价格偏高。贝壳纽扣主要用于各种中高档服装、真丝服装、高档衬衫、T恤衫及面料轻薄的女式休闲服。

2. 木材纽扣和毛竹纽扣

木材纽扣（图4-78）和毛竹纽扣（图4-79）均属于用植物类茎秆加工而成的纽扣。随着人们环保意识的增强，该类纽扣在国际市场上的需求量不断增加。该类纽扣的特点是天然朴素、粗放，耐有机溶剂；缺点是由于木材天然纹理不一，造成纽扣色泽不一，且吸水后膨胀性强，故应选木质紧密、树龄老、生长期长的木材。木材纽扣经抛光后，可采用高品质清漆处理表面，从而封死所有的吸水空隙，以克服吸水膨胀的缺点。

图 4-78　木材纽扣

图 4-79　毛竹纽扣

3. 椰子壳纽扣和坚果纽扣

椰子壳纽扣（图4-80）和坚果纽扣均取材于植物果实的纽扣。椰子壳纽扣质地坚硬，较适合制造纽扣。其特点是颜色为浅褐色或深褐色，正反面具有不同色泽，且表面有斑点或丝状脉络，漂后可染各种颜色，与木材纽扣一样具有吸水性，但较木材纽扣略好。坚果纽扣非常坚硬，由于切面颜色、纹理类似于象牙，故也称为植物仿象牙扣。经细加工后，可得到良好、柔和的光泽、造型高雅、纹路自然的纽扣，故常用于中档较高层次产品。

图 4-80　椰子壳纽扣

4.真皮纽扣

真皮纽扣（图 4-81）或称皮革纽扣，是用皮革的边角料包制或编织而成的纽扣，该类纽扣表面具有天然皮革的纹路与质感，由于吸水而易膨胀，故宜干洗，价格偏高。

5.中式盘扣

中式盘扣（图 4-82）是我国传统服饰中常用的纽扣形式，是用布料缝制成细条，之后盘结成各种形状的花式纽扣，其造型优美，做工精巧，同时兼备实用与装饰功能。

图 4-81　真皮纽扣　　　　　　　　图 4-82　中式盘扣

6.石头纽扣、陶瓷纽扣和宝石组扣

石头纽扣（图 4-83）、陶瓷纽扣（图 4-84）和宝石组扣（图 4-85）为一大类天然矿物纽扣，目前数量虽比其他种类纽扣少得多，但仍有一定的市场。石头纽扣主要以大理石为原料，目前已可批量机械生产，该类纽扣具有各种天然纹理，硬度高，耐磨性好，可用于特殊服装。陶瓷纽扣是由瓷质材料经烧结、上釉等处理后制成的，可分为普通陶瓷纽扣和特殊陶瓷纽扣两种。普通陶瓷纽扣是由普通瓷质材料经上述步骤加工，再在表面饰花与金属底托组合而成；主要特点是表面有花纹，色泽鲜艳，亮度好，硬度高，耐磨性好。特殊陶瓷纽扣是采用高强度陶瓷材料，经高压成型，再烧结而成的纽扣，由于其具有较高的机械强度，故又称为不破碎纽扣。陶瓷纽扣由于生产方式及工艺水平所限，生产批量不大，故价格偏高。宝石纽扣是指采用宝石和人造水晶制作而成的纽扣。由于天然宝石的价格昂贵，故用作纽扣生产的是一些低档宝石和人造水晶，该类纽扣品质高贵，性能优异，造型别致，具有很好的装饰效果。

图 4-83　石头纽扣

图 4-84　陶瓷纽扣

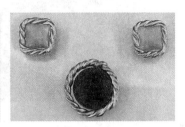
图 4-85　宝石组扣

（三）组合纽扣

组合纽扣是指由两种或两种以上不同材料，通过一定的方式组合而成的纽扣。组合纽扣取材丰富，大多数为手工制作，生产批量小，具有鲜明的个性特征，能够满足时装追求个性化的发展潮流。

1. 树脂 -ABS 电镀或金属内组合

树脂 -ABS 电镀或金属内组合纽扣（图 4-86）的特点是以树脂纽扣为基础，将 ABS 嵌入树脂纽扣内，即在树脂底座上挖孔或挖槽，将 ABS 电镀或金属嵌入槽内，后滴上透明树脂，切削造型。树脂 -ABS 电镀或金属内组合纽扣的亮度较好，由于树脂的包裹，ABS 电镀或金属不会受空气氧化而变色，能长时间保持鲜亮的颜色和光鲜的色泽。

图 4-86　树脂 -ABS 电镀或金属内组合纽扣

2. 树脂 -ABS 电镀或金属外组合

树脂 -ABS 电镀或金属外组合纽扣是 ABS 不被树脂包封，而是与树脂件靠机械连接或适当的粘合胶粘在一起。其中，一种是以 ABS 做底座及外圈，树脂件做表面内饰（图 4-87），整体以 ABS 为主体，显示镀金纽扣的特点，比较轻巧活泼，主要用于夏秋服装；另一种则以树脂件做底座，表面饰以金属组件、ABS 小饰件（图 4-88），更为稳重，多用于秋冬服装。

图 4-87　ABS 做底座及外圈
树脂件做表面内饰

图 4-88　ABS 小饰件

3. ABS 电镀或金属 – 环氧树脂滴胶组合纽扣

ABS 电镀或金属 – 环氧树脂滴胶组合纽扣，纽扣底座全由 ABS 组成，颜色大部分为金色、银色等。在 ABS 上通常预设各种沟槽，电镀后，在构成花纹的沟槽上再滴注各色环氧树脂（图 4-89）。此后不需处理，则可由环氧树脂得到光亮的表面，该类纽扣造型变化丰富，品种多样，色彩鲜艳，故占据了组合纽扣很大的市场份额。

4. 功能纽扣和免缝纽扣

功能纽扣是比较新潮的纽扣，在具备基本的连接服装的实用功能外，还有一些特殊的功能，如香味纽扣、发光纽扣、药剂纽扣等。目前，该类纽扣并不普遍，且特殊功能的显著性与持久性有待进一步探讨。免缝纽扣是指一类不用线缝，直接由纽扣所带的某些附加装置连接在服装上的纽扣，如四扣件（图 4-90）。还有一种类似图钉的纽扣，该类纽扣大多是组合纽扣，其用途及批量生产受限。

图 4-89　ABS 电镀或金属 –
环氧树脂滴胶组合纽扣

图 4-90　四扣件

5. 其他组合纽扣

除上述组合纽扣外，金属件–ABS组合、金属–水钻组合、树脂–人造水钻组合、树脂–人造珍珠组合、真贝–树脂组合、树脂–喷漆组件组合等，均是常见的组合纽扣。其他组合纽扣无论造型、色泽及组合方式，均有鲜明的个性。通常是根据服装特点做的专门设计，故工艺较复杂。

（四）纽扣的选配

在设计与制作服装时，选配纽扣要考虑以下因素。

1. 与面料的性能相协调

常水洗的服装要选不易吸湿变形且耐洗涤的纽扣；常熨的服装应选用耐高温的纽扣；厚重的服装要选择粗犷、厚重、大方的纽扣。

2. 与服装颜色相协调

纽扣的颜色应与面料颜色相协调，或应与服装的主要色彩相呼应。

3. 纽扣造型应与服装造型相协调

纽扣具有造型和装饰效果，是造型中的点和线，往往起到画龙点睛的作用，应与服装呼应协调，传统的中式服装不能用很新潮的化学纽扣；休闲服装应选用较粗犷的木质或其他的天然材料的纽扣；较厚重、粗犷的服装应选择较大的纽扣。

4. 与扣眼大小相协调

纽扣尺寸是指纽扣的最大直径，其大小是为了控制孔眼的准确和调整锁眼机用，扣眼要大于纽扣尺寸，而且当纽扣较厚时，扣眼尺寸须相应增大。若纽扣不是正圆形，应测其最大直径，使其与扣眼吻合。为了提高服装档次，应在服装里料上缀以备用纽扣。

5. 纽扣选择应考虑经济性

低档服装应选价格低廉的纽扣，高档服装选用精致耐用、不易脱色的高档纽扣。服装上纽扣的多少，要兼顾美观、实用、经济的原则，单用纽扣来取得装饰效果而忽视经济的做法是不可取的。

6. 纽扣选择应考虑服装的用途

儿童服装因儿童有用手抓或用嘴咬的习惯，应选择牢固、无毒的纽扣。职业服除了考虑纽扣的外观外还要考虑耐用性及选用具有特殊标志的纽扣。

7. 纽扣在使用时应注意保管

各类塑料纽扣遇热70 ℃以上就会变形，所以不宜用熨斗直接熨烫，不要用开水洗涤。同时，塑料纽扣应避免与卫生球、汽油、煤油等接触，以免变形裂口。电木扣不怕烫，但经过多次洗涤后会失去光泽。

二、金属扣件

金属扣件是随着金属冶炼、金属制品及机械制造等产业同步发展的。虽然用于服饰的金属盔甲由于笨重、呆板已退出历史舞台，但是金属饰件却成为历代军服中不可或缺的装饰部件，如金属排扣等。金属扣件是指利用金属材料制成的，运用于服装或与服装相关的物品上，以达到一定的使用功能与装饰功能，包括各种金属纽扣（图4-91）、拉链片和拉链头（图4-92）、吊球（图4-93）、铆钉（图4-94）、吊牌（图4-95）、气眼（图4-96）、商标装饰牌（图4-97）、职业标志及各种装饰件等。

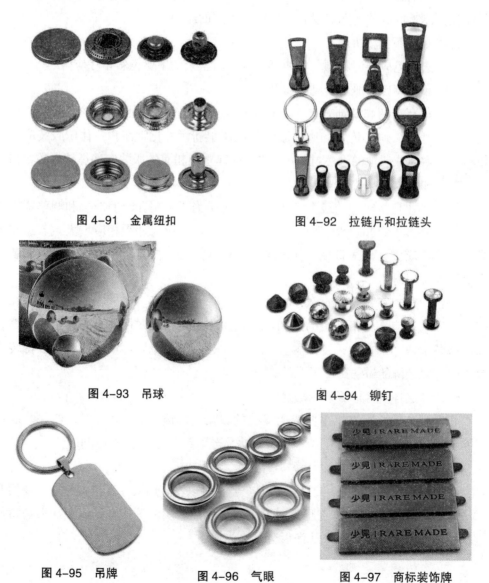

图4-91　金属纽扣　　　　　　图4-92　拉链片和拉链头

图4-93　吊球　　　　　　　　图4-94　铆钉

图4-95　吊牌　　　　图4-96　气眼　　　　图4-97　商标装饰牌

（1）根据生产工艺，金属扣件可分为压延工艺、压铸工艺和组合工艺。

1）压延工艺。压延工艺是利用金属材料具有的塑性变形及弹性等性能，利用压力机对片、丝等金属原材料进行冲压、变曲等操作，最后形成产品毛坯的一种工艺。常用材料有铜、铁、铝等金属。由该工艺加工生产的产品通常叫作五金产品，主要包括四合扣（图4-98）、五爪扣、工字扣（图4-99）、撞钉（图4-100）、气眼、裤钩（图4-101）等产品。

图4-98　四合扣

图4-99　工字扣

图4-100　撞钉

图4-101　裤钩

2）压铸工艺。压铸工艺是指用高压将金属溶液注入金属铸形的型腔中，冷却后形成的各种零件的一种工艺。常用材料一般是低熔点的有色金属，如铅锡合金、锌合金等。由该工艺加工生产的产品通常叫合金产品，主要包括有纽扣、拉片、拉头、皮带扣（图4-102）、帽徽（图4-103）、胸章（图4-104）、合金面与五金底件结合等产品。

图4-102　皮带扣

图4-103　帽徽

图4-104　胸章

3）组合工艺。组合工艺是指一种产品同时包含有上述两种工艺，或者以金属材料为主与其他材料组合的工艺。

（2）根据使用功能，金属扣件可分为锁扣类、扣扣类、装饰类及紧固类四类。大多数金属扣件同时兼备其中两种及两种以上功能。

1）锁扣类（图4-105）。锁扣类金属扣件是指在服装中相互连接，且具备重复锁扣、开合功能的扣件。常见的有按扣、四合扣、五爪扣等。四合扣又称大白扣、弹簧扣等。它具有纽面、弹弓杯、纽珠、直笛四个部件，故称为四合扣。

图4-105　锁扣类

2）扣扣类。扣扣类金属扣件是指在服装上相互连接的扣件，主要有裤扣、金属挂扣（如葫芦扣、日字扣）、金属纽扣、工字扣、对扣、调节扣（图4-106）、裙扣（图4-107）等。裤扣是指用于各种裤类上相互连接的搭扣，分为两件裤扣和四件裤扣。金属挂扣可作为牛仔服、夹克、背带裤等服装的配件。金属纽扣有明眼扣和暗眼扣两类。工字扣由于其多用于牛仔和休闲装，常称为牛仔扣。

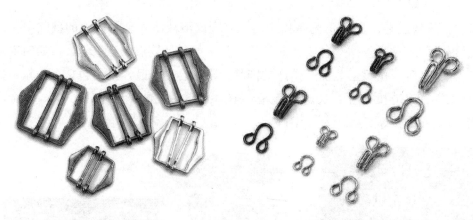

图4-106　调节扣　　　　　　　　　　　　图4-107　裙扣

3）装饰类。装饰类金属扣件是在服装上以装饰功能为主，而以扣扣、锁扣为辅的扣件，主要有金属标牌、徽章、肩章（图4-108）、装饰链（图4-109）等。单纯的装饰扣如金属牌、各式爪扣、胸花、别针等。装饰与实用相结合的装饰扣如各种制服的徽章等。

图4-108　肩章

图4-109　装饰链

4）紧固类。紧固类金属扣件是指服装中与服装相铆合或以增加强度为目的的金属扣件，主要有用于衣裤袋角的撞钉（即袋口钉、衣角钉）、高品位的标牌、商标、装饰件。撞钉根据其结构不同，可分为凸珠撞钉、反凸珠撞钉、包面撞钉及包钻撞钉等。

金属扣件无论是实用功能还是装饰功能，在使用中都应正确运用，以发挥应有的功能与价值，在使用中应根据各种扣件的不同特点，结合面料特性，确定科学合理的装订方法。

第六节　拉　链

一、拉链规格与质量标准

拉链最早产生于19世纪中期，当时人们的长筒靴上的纽扣多达20粒，穿脱极为不便。1851年，伊莱亚斯·豪（Elias Howe，美国，1819—1867年）申请了一个类似拉链设计的专利，名叫可持续、自动式扣衣工具，应用在靴子上，这就是拉链的雏形。然而可惜的是，这个设计专利被遗忘了半个世纪之久。到19世纪末，发明家惠特科姆·贾德森（Whitcomb Judson，美国，1843—1909年）设计出用一个滑动装置来嵌合和分开两排扣子，使长筒靴穿脱更为方便。随后一个多世纪以来，随着科学技术的发展，拉链也在不断发展，功能在不断完善，直到现代演变成为设计师钟爱的设计元素之一。

拉链的发明距今有100多年的历史，是20世纪对人类最具影响的发明之一。从最初简单的雏形到逐步在品种、款式、花样等方面的发展完善，拉链的应用范围越来越广泛，对人类生活有着深刻的影响。拉链是由两条能互相啮合的柔性牙链带，以及可使其重复进行拉开、拉合的拉头等部件组成的连接件。它一般由拉链带（图 4-110）、链牙（图 4-111）、拉头（图 4-112）、上止（图 4-113）、下止（图 4-114）、插座（方块）与插销（图 4-115）、贴胶（图 4-116）等组合而成，拉链分为各种不同的材质，如金属拉链、树脂拉链、尼龙拉链及针织布带拉链等。拉链形式又可分为单头闭尾式拉链、双头闭尾式拉链及双头开尾式拉链等。此外，拉链的齿牙有大小之分，齿形也各不相同。拉链头也有丰富的造型，使得拉链品种多样、花样繁多，能很好满足设计使用的需要。

图 4-110　拉链带

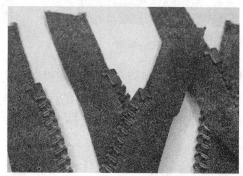

图 4-111　链牙

图 4-112　拉头

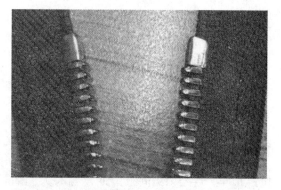

图 4-113　上止

图 4-114　下止

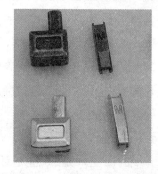

图 4-115　插座（方块）与插销

图 4-116　贴胶

拉链的规格是指拉链两侧牙链啮合后的宽度尺寸，单位为毫米（mm），直接与拉链型号相对应。对应于一种规格的拉链，还有一系列与之相匹配的尺寸，如牙链单宽、牙链单厚、齿高、牙距、拉头内腔口宽、口高等。拉链的型号指的是一个尺寸区间内拉链规格所对应的序号，主要由拉链规格、链牙厚及单侧底带的宽度（带单宽）等参数决定。拉链型号指的是一个尺寸范围而不是一个具体的尺寸，它综合反映拉链的形状、结构及性能。通常号数越大，拉链牙齿越粗，扣紧力也越大。拉链的质量主要包括：第一，拉链产品整体质量，能够反映企业的管理水平；第二，具体的拉链质量，能够反映企业的制造水平。不同种类的拉链有不同的适用范围，消费者采购时应根据所需产品特点进行合理选择。

二、拉链的分类

拉链主要分为普通拉链和特殊拉链两类，特殊拉链主要指用特殊材料制成的，用于一些特殊用途的拉链，如防水、防火、反光、灭菌、手术及密封等。对于常用的普通拉链有多种分类方法，主要包含以下方面。

（一）根据链牙材质划分

1.尼龙拉链

尼龙拉链（图4-117）是用聚酯或尼龙丝做原料，将圈状的牙齿缝织于拉链带上，又可分为普遍型、隐形、双骨、编织和针织等拉链。尼龙拉链的主要特点是轻巧、耐磨且富有弹性，可用于轻薄服装和童装。隐形拉链（图4-118）是指链牙由单丝围绕中芯线成型，呈螺旋状缝合在布带上，将布带内折外翻，经拉头拉合后，正面看不到链牙的拉链。双骨拉链（图4-119）是链牙有单丝成型为连续的U形形状，经缝合固定排列在布边上的拉链。编织拉链（图4-120）是链带由编织工艺一次性将纱线、单丝编织形成的拉链。

图4-117　尼龙拉链

图4-118　隐形拉链

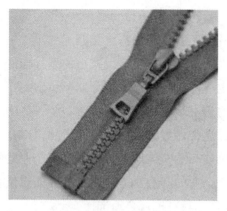

图 4-119 双骨拉链

图 4-120 编织拉链

2. 金属拉链

金属拉链（图 4-121）是用铝、铜、镍、锑及合金等压制成牙后，经喷镀处理，再装于拉链带上，又可分为铜牙、铝牙、压铸锌合金拉链等。金属拉链的主要特点是耐用，且个别牙齿损坏后可更换，但颜色受限，适用厚实的制服、牛仔服及防护服等服装。

3. 注塑拉链

注塑拉链（图 4-122）是由聚酯或聚酰胺熔体注塑而成的一种拉链，又可分为聚甲醛拉链和强化拉链两种。聚甲醛拉链是链牙由聚甲醛通过注塑成型工艺固定排列在布带带筋上的拉链，也称为塑钢拉链。强化拉链是链牙由尼龙材料通过挤压、成型、缝合工序，固定排列在布带边上的拉链。注塑拉链的主要特点是质地坚韧，耐水洗，而且可染成各种颜色，适用运动服、夹克衫、针织外衣、羽绒服等。

图 4-121 金属拉链

图 4-122 注塑拉链

（二）根据拉链形式划分

1.闭尾拉链

闭尾拉链（图4-123）也称常规拉链，是指拉链在拉开时两边牙链带不能完全分离的拉链，又分为一端闭合和两端闭合两种情况。根据带有拉头数目不同，分为单头闭尾式拉链和双头闭尾式拉链。双头闭尾式既有一端闭合又有两端闭合，拉链根据拉头穿入形式不同，又可分为O状和X状，常用于服装口袋或箱包等；单头闭尾式大多是一端闭合，常用于裤子、裙子的开口或领口处。

2.开尾拉链

开尾拉链（图4-124）也称分离拉链，是指拉链在拉开时两边牙链带可完全分离的拉链，即两端均不封闭。根据带有拉头数不同，分为单头开尾式和双头开尾式两种拉链，主要适用前襟全开的服装和可装卸衣里的服装。

图4-123　闭尾拉链

图4-124　开尾拉链

（三）根据拉链配件组合划分

1.按拉头的变化划分

按拉头的变化分类，可分为：第一，自锁拉头分为带花色拉片的自锁拉头、单（双）拉片自锁拉头、带轨旋转片有锁拉头、反装拉头和双开尾下拉头；第二，针锁拉头分为单针锁拉头和双针锁拉头；第三，无锁拉头分为带花色拉片的无锁拉头、单（双）拉片无锁拉头、单（双）锁孔无锁拉头和带轨旋转片无锁拉头。

2.按链牙的变化划分

链牙的变化主要体现在对牙链表面的处理方式不同，按链牙的变化分类主要分为以下几种：

（1）尼龙牙拉链。尼龙牙拉链可分为染色拉链、真空镀金（银）牙拉链、金粉（银粉）牙拉链、白牙拉链、青古铜牙拉链、七彩牙拉链和拼色牙拉链。

（2）注塑牙拉链。注塑牙拉链可分为配色牙拉链、夜光牙拉链、金粉（银粉）牙拉链、镀金（银）牙拉链、七彩牙拉链、沙白牙拉链、青（红）古铜牙拉链、激光牙拉链、透明牙拉链、间色（拼色）牙拉链、蓄能发光牙拉链和单（双）排钻石拉链。

（3）金属牙拉链。金属牙拉链可分为黄（白）铜牙拉链、青（黑、红）古铜牙拉链、深（浅）克吩牙拉链、白金牙拉链、黄金牙拉链、铝牙拉链、电化铝牙拉链、铝牙抹油拉链和拼色拉链等。

3. 按止动件的变化划分

闭尾式拉链止动件主要有上止和下止。上止和下止按所采用材质可分为金属和非金属两类，其中金属的有铝合金和铜合金两种；非金属的有聚甲醛和涤纶丝两种。开尾式拉链的止动件是插管和插座，插管和插座按所采用材质可分为金属和非金属两类，其中金属的常用锌合金；非金属的则包括聚甲醛和涤纶丝两种。

4. 链带及其他变化划分

拉链布带在织造过程中可以加入一些特殊材料一同编织，形成一些新的效果，如加入反光线、加入色线（金银色线）或对拉链布带进行防水处理等。

（四）根据拉链用途划分

1. 服装用拉链

服装用拉链（图4-125）可分为女内衣、裙装及裤子用拉链，西装裤、童装用拉链，女胸衫、休闲服用拉链，工作服、作训服、牛仔服用拉链，夹克衫用拉链，滑雪衫、羽绒服用拉链，呢大衣、皮大衣用拉链，以及鞋、帽、手套用拉链等。

图4-125　服装用拉链

2. 家纺用拉链

家纺用拉链（图4-126）可分为枕套用拉链、床套用拉链、沙发套用拉链，以及靠垫用拉链等。

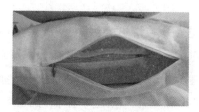

图4-126　帐篷用拉链

3. 旅行用品拉链

旅行用品拉链可分为旅行帐篷用拉链（图4-127）、睡袋用拉链等。

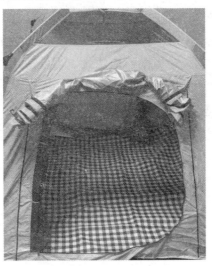

图4-127 帐篷用拉链

4. 箱包用拉链

箱包用拉链（图4-128）可分为女式包用拉链，电脑包、软包用拉链，软箱用拉链，硬箱用拉链及箱包内袋用拉链等。

5. 其他类用拉链

其他类用拉链包括军械罩袋用拉链、船用天篷用拉链及玩具用拉链（图4-129）等。

图4-128 箱包用拉链

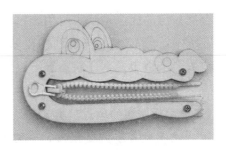

图4-129 玩具用拉链

（五）根据拉链制造加工工艺划分

按拉链链牙加工成型工艺分为冷冲压成型、注塑加工成型、加热挤压成型及加热缠绕成型等。

三、拉链的选择

随着消费观念和审美意识的转变，人们对服装的选择已不单单着眼于实用功能，而是更多地追求流行、时尚。拉链作为重要的服装辅料之一，也发生着变化，即除了实用功能以外更加注重其与服装的搭配和其时尚性的设计，故选用拉链时应综合考虑以下因素。

（一）根据所需承受强力的大小选择

拉链的规格尺寸是与拉链的强力指标相对应的，型号越大，规格尺寸也越大，所能承受的强力也越大。但同时应注意，当所选用拉链的材质不同时，即便规格尺寸相同，所能承受的强力也是不同的。

（二）根据拉链的链牙材质选择

拉链的链牙是拉链的主要组成部分，链牙的材质决定着拉链的形状和基本状态。

1. 尼龙拉链的优、缺点

尼龙拉链的优点是链牙柔软、表面光滑、色泽多样、拉动轻滑、啮合牢固、品种门类多、轻巧、链牙薄且有可挠性。原材料价格低廉，生产效率高。尼龙拉链适用于各式服装和包袋，如内衣、面料轻薄的高档服装、女式裙装、裤装等。但尼龙拉链的承力性不强，易损坏。

2. 注塑拉链的优、缺点

注塑拉链链牙的优点是粗犷简练、质地坚韧、色泽丰富多彩、抗腐蚀、耐磨损，所适用温度范围广。大的齿面面积利于在其表面做装饰，材料价格适中；缺点是柔软性不够、拉合的轻滑度较差。注塑拉链适用于外套服装，如滑雪衫、羽绒服、工作服、童装、作训服等面料较厚的服装。

3. 金属拉链的优、缺点

金属拉链的优点是结实耐用、拉动轻滑、粗犷潇洒；缺点是链牙表面较硬、手感不柔软、后处理不当易划伤皮肤，材料价格高。铜质拉链适用于高档夹克衫、皮衣、羽绒服及牛仔服装等；铝质拉链常用于中低档休闲服、牛仔服、夹克衫及童装等。

（三）根据服装的款式分类

拉链除满足基本的要求外，还要根据消费人群情况、在服装中的使用部位来进行选择，如长上衣可采用双开尾拉链、面料较薄的女裙等服装可选用隐形拉链等。

（四）根据服装的颜色和装饰性分类

选择拉链时还要考虑到与服装颜色的搭配性，若要达到协调一致，可选用与服装颜色一致的拉链；若要形成对比效果，可选用与服装颜色差异较大的拉链。

（五）根据服装设计要求分类

依据服装本身的大小及所设计部位的长短，选择长度合适的拉链。

第七节 填 充 物

在服装面料和里料之间的填充材料称为服装的填充物。随着科学技术的发展，服装用的填充物不仅是传统的起保暖作用的棉、绒及动物的毛皮等，一些具有其他功能的新型保暖材料也相继问世。

一、填充物的作用

第一，增加服装的保暖性，服装加上填充物后，厚度增加，可以减少人体热量向外散发，同时可阻挡外界冷空气的侵入，服装的保暖性得到提高；第二，提高服装的保形性，填充物的使用，可以使服装挺括，并使其具有一定的保形性，设计师可以根据设计意图来使用填充物，使服装获得满意的款式造型；第三，具有特殊功能性，随着科学技术的发展，开发出许多特殊功能的填充物，以满足人们的不同需求，如防热辐射功能、卫生保健功能、保温功能、降温功能、吸湿功能等。

二、填充物的品种与选用要求

根据形态不同，填充物可以分为两类：一类是未经织制加工的纤维，其形态呈絮状，称为絮类填充物；另一类是将纤维经过织制加工成绒状织品或絮状片型，或保持天然状（毛皮）的材料，称为材类填充物。填充物的分类见表 4-1。

表 4-1　填充物的分类

类　　别	内　　容
絮类填充物	棉花（棉絮）
	丝绵（蚕丝）
	羽绒（鸭绒、鹅绒、鸡毛）
	混合填充物
	动物绒
材类填充物	驼绒
	长毛绒
	天然毛皮
	人造毛皮
	泡沫塑料
	化纤填充物

（一）絮类填充物

1. 棉花

蓬松的棉花（图 4-130）包含很多静止空气，因此保暖性很好，并且棉的吸湿、透气性好，价格低廉。但棉花也有缺点，如弹性差，容易被压扁而降低保暖性，且压扁后手感变硬；水洗后不易干，易变形。棉花填充物主要用于儿童服装及中低档服装。

2. 羽绒

羽绒（图 4-131）主要是指鸭、鹅、鸡、雁等毛绒。由于羽绒很轻且导热系数很小，蓬松性好，是人们喜爱的防寒填充物之一。用羽绒填充物时要注意羽绒的洗净与消毒处理，同时服装面料、里料及羽绒的包覆材料要具有防绒性。在设计和加工时，须防止羽毛含量下降而影响服装造型和使用。由于羽绒来源有限，一般只用于高档服装。

图 4-130　棉花

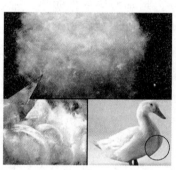

图 4-131　羽绒

3. 丝绵

丝绵（图 4-132）是由茧丝或剥取蚕茧表面的乱丝整理而成的类似棉花絮的物质，光滑柔软，轻薄保暖，且吸湿透气、舒适性好，但价格较高，常用于高档的保暖服装。

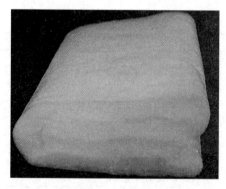

图 4-132　丝绵

4. 混合填充物

由于羽绒的用量大、成本高，所以以 50% 羽绒和 50% 的 0.3~0.5 den 的细旦涤纶混合使用，这种方法如同在羽绒中加入了"骨架"，既可使其更加蓬松，又可提高保暖性，并降低成本。此外，也有采用 70% 的驼绒和 30% 的腈纶混合的填充物，使两种纤维的特性得到充分发挥。混合填充物有利于材料特性的充分利用，且降低成本和提高保暖性。

5.动物绒

常用的动物绒有羊毛与骆驼绒，保暖性很好，且因绒毛表面有鳞片，所以易毡化。为了防止毡化，应混入一些表面较光滑的化学纤维。

（二）材类填充物

1.天然毛皮

天然毛皮由皮板和毛被组成。皮板密实挡风，而毛被又能贮存大量的空气，因此保暖性很好。中低档毛皮是高档防寒服装的填充物。

2.驼绒

驼绒并不是用骆驼的毛制成的，而是外观类似骆驼毛皮的织物，是用毛、棉混纺而成的拉绒针织物。驼绒松软厚实，弹性好，保暖性强，给人以舒适感，与里子相配可作为填充材料。

3.人造毛皮及长毛绒

由羊毛或毛与化纤混纺制成的人造毛皮以及精梳毛纱和棉纱交织的长毛绒织物，是很好的高档保暖材料，制成的防寒服装保暖、轻便且不臃肿，耐穿，价格低廉。

4.泡沫塑料

泡沫塑料填充物（图4-133）有许多贮存空气的微孔，蓬松，轻而保暖。用泡沫塑料作填充物的服装，挺括而富有弹性，裁剪加工也较简便，价格便宜，但由于不透气，舒适性差，易老化发脆，未被广泛采用。

5.化纤填充物

腈纶棉（图4-134）轻而保暖，广泛用作填充物。中空棉采用中空的涤纶纤维，手感、弹性、保暖性均佳；喷胶棉是由丙纶、中空涤纶和腈纶混合制成的絮片，经加热丙纶熔融并黏结周围的涤纶或腈纶，从而制成厚薄均匀、不用绗缝也不会松散的絮片，能水洗，且易干，并可根据服装尺寸任意裁剪，加工方便，是冬装物美价廉的填充物。

图4-133 泡沫塑料填充物

图4-134 腈纶棉

（三）特殊功能填充物

1. 防热辐射填充物

使用消耗性散热材料、循环水或饱和碳化氢，以达到防热辐射的目的；在织物上镀铝或其他金属膜，以达到热防护的目的。

2. 卫生保健功能填充物

在内衣夹层中加入药剂，可以治疗和保健。远红外线填充物，可以抗菌、除臭、美容、强身。

3. 保温功能填充物

在潜水服夹层内装入电热丝，可以为潜水员保温。

4. 降温功能填充物

在服装夹层中加入冷却剂，通过冷却剂循环，可以使人体降温。

5. 吸湿功能填充物

在用防水面料制作的新型运动服内，用甲壳质膜层作夹层，能迅速吸收运动员身上的汗水，并向外扩散。

第八节　线

所谓线，指的是"将纤维拉齐或集合，经过捻制，形成连续的细长形状的束"，而且必须具有一定程度的强度、伸长度和弯曲度。线既可以用于纺布，又可以用于缝纫。

一、线的历史与发展

人类有史以来，用各种各样的原料和纤维制作线，进而做成了纺织品和针织品，线在服装材料中发挥着重要的作用。在织造纱线的过程中，使用了各种工具和机器。在印度和墨西哥的古代遗迹中，发掘出了用石头等做成的纺锤和棉布的碎片。这也被认为是人类从公元前就开始制作纤维、丝、布的证据。此后，直到18世纪末—19世纪发生的工业革命之前，人类都是手工制作线。如图4-135所示为纺锤。

工业革命时期，纺织机（图4-136）、力织机等的发明，促使英国等国的织造产业得到发展。现在，几乎所有的生产工序都是由机械化、自动化、大型化的机器完成的。

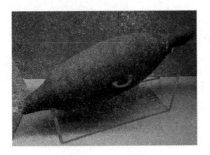

图 4-135　纺锤

图 4-136　珍妮纺纱机

二、线的制作

线根据作为原料的纤维的长短，制造方法也不同。

（一）短纤纱线

短纤纱线是用短纤维纺织而成的线。作为原料的短纤维，因为相互纠结缠绕，又含有杂质，所以需要用像钢丝刷这样的工具一边将纤维刷松一边把纤维平行地拉齐，之后去除杂质，再一点点地往长度方向拉细，最后捻成线。这一系列的操作被称为纺纱，其结果制成的纱线被称为短纤纱线。

短纤纱线的主要原料在天然纤维中是棉和毛等，此外也有切割蚕丝（副蚕丝，茧丝的碎屑纤维）来使用。在化学纤维中，可以将连续长纤维切割成适当的长度，制成短纤维，进行纺织。

（二）长丝纱线

长丝纱线是用连续长纤维制成的线。天然纤维中只有绢是连续长纤维，而化学纤维，由于纤维本身是连续长纤维，所以都可以直接制作连续长纤维线。这两者制线的工序不同。

丝绸是将茧在热水中剥开，收集数根茧纤维，揉搓成丝。这种操作叫作缫丝（图 4-137），中国的劳动人民发明了养蚕缫丝，距今 7000 年—5000 年前的仰韶文化遗址中出土的土纺轮（图 4-138），就是用来纺丝的工具，这样制成的线叫作生丝。

图 4-137　缫丝

图 4-138　土纺轮

化学纤维是将原料高分子化合物（聚合物）等用药品或热处理成黏液状，将黏液从细孔（喷嘴）中挤出，用适当的方法固化成细长的纤维。

连续长纤维是长而连续的，即使不拉齐、不捻制，也可以用一根连续长纤维作为线使用，但通常用数根到数十根连续长纤维拉齐，做成线的情况比较多。这样制成的线被称为长丝纱线，特别是前者被称为单长丝纱线，后者被称为多长丝纱线。如图 4-139 所示为涤纶长丝线。

图 4-139　涤纶长丝线

（三）短纤纱线和长丝纱线的特点和用途

短纤纱线和长丝纱线的特点、用途各不相同。

短纤纱线有细毛，比较柔软，蓬松，有温暖的触感，粗细不均，强度比长丝纱线小，因此广泛用于纺织厚度厚、保暖性好、触感柔软的衬衫、西装、毛衣、大衣、毛毯和毛巾等。此外还用于缝纫线、手工艺用线、产业用线（图 4-140）。

图 4-140　短纤纱线

作为连续长纤维的生丝，不经过加工处理的话手感很硬，所以通常精练后作为熟丝线使用。精炼后的熟丝线表面光滑，没有斑点，有美丽的光泽，和化纤的连续长纤维比起来有独特的触感，通常用于礼服，丝巾，西服等。如图 4-141 所示为真丝绣线。

图 4-141　真丝绣线

　　连续长纤维的纤维排列度好，密度高。因此，强度和拉伸度都比短纤线好。其特性为表面光滑，缺乏蓬松感，触感略冷，有光泽，绒毛少。由于这种性质，长丝纱线被用于薄衬衫、礼服、长筒袜等。除此之外，还被广泛应用于缝纫线、手工艺用线以及产业用等领域。

　　在服装上主要使用多重连续长纤维，连续长纤维数多为 10~100 条，粗细多为 20~300 旦（D）。即使是同样粗细的线，连续长纤维数越多的构成的线就越柔软。单连续长纤维的触感硬，所以在衣料上不怎么被使用，因其独特的形态和性质，被用于梳子、毛刷等。

　　利用连续长纤维合成纤维的热塑性，还可以制造出各种不同形状的连续长纤维加工线。

三、短纤纱线和长丝纱线的种类

（一）短纤纱线

1. 棉线

　　棉纤维的长度比其他天然纤维短，但棉纱与其他纺纱线相比平滑、匀称。根据纺织方法和加工的不同，有精梳线、普梳线等。通过精梳工序制成的线是精梳线，不通过此工序制成的线是普梳线。此外，还有气体线和丝光线。气体线是使线表面在小的气体火焰中快速通过，使线的绒毛燃烧，增加线的光泽。丝光线或玛瑙线是将蚕丝酸化，在钠溶液中增加其张力，浸泡 1~2 min 后用水洗净。由此表面变得具有真丝一样的光泽，染色性也变好。丝光加工一般是经过煤气烘烤、漂白后进行的，如府绸、棉纱等。

2. 毛线

　　羊毛的种类本身就很多，再加上驼绒、安哥拉兔毛等兽毛，所以制作出毛线的质量有很多种。根据纺织方法的不同，可分为梳毛线、纺毛线等。用途有纺织品，针织用，手编毛线，毛毯，地毯等。

　　梳毛线是指通过梳毛机将羊毛充分梳理，认真地除去短毛和杂质，剩下的长优质的纤维平行地拉伸，再捻在一起形成了线。因此，表面平滑，裂纹少，线条匀称，平常所说的精仿呢就是梳毛织物的代表。

　　纺毛线是以纺织短毛类的羊毛和梳毛线时产生的碎毛、线屑等为原料，纤维的排列方向不太整齐，也不用力拉伸，总体上比较松散的纺织线。因此，线的表面有很多裂痕，成为松软的有温暖感觉的线。法兰绒（图 4-142）、粗花呢（图 4-143）等是纺毛织物的代表。

　　另外，在梳毛纺线过程中，作为成为线以前的状态的滑条称为顶。在这种状态下被染色的东西被称为顶染，顶染线是一种色牢度高的线，最终被纺织成布料。

手编毛线（图 4-144）的原料毛要用比较粗的毛纤维，轻捻线，经过蒸汽处理后使其变得松软膨大。经顶染梳毛纺法制成。产品分为极粗、中粗、中细、极细等。

图 4-142　法兰绒　　　　图 4-143　粗花呢　　　　图 4-144　手编毛线

3. 麻线

由于麻纤维的特性，采用了独特的纺纱法，很难制作出粗细匀称的线，用在手帕和高级女装上的细号线价格也很昂贵。

4. 绢纺线

蚕丝大多作为长丝线使用，也有以副蚕等为原料制成短纤线的，这被称为绢纺线，原料既便宜又具有丝绸的优良特性和膨大性。

5. 化纤纺纱线

化学纤维既可以制作长丝线又可以制作短纤线，而黏胶纤维、丙烯纤维大多用作短纤线。另外，以天然纤维的纺纱法为准进行纺织，并与各种原料混纺的纱线也很多。如图 4-145 所示为玻璃纤维线和陶瓷纤维线。

图 4-145　玻璃纤维线和陶瓷纤维线

（二）长丝线

1. 蚕丝线

缫丝的生丝大多为 14 D 或 21 D 的粗度，需要粗线时，将数根合在一起使用。蚕丝线稍微有些蓬松感，织造出的织物具有很好的手感。

真丝线根据精练程度，有生丝、熟丝之分（图 4-146），将茧剥开后取出的生丝光泽暗淡，手感略硬。将这种生丝用灰或树脂等碱进行精练的话，可以去除周围的蜡质丝氨酸，产生优雅的光泽和独特的柔软触感。这种丝被称为熟丝，根据丝氨酸的去除比例，称为半熟丝、全熟丝等。

图 4-146　生丝、熟丝

2. 化纤长丝线

化学纤维长丝线的手感，取决于纤维的粗细和线数，即使是相同粗细的线，手感也取决于构成该线的连续长纤维数。由数百根超级细纤维制成的长丝线手感特别柔软，垂感好。

四、线的结构

（一）线的捻制

为了用短纤维制作短纤线，捻线是不可缺少的，用连续长纤维制作长丝线时也需要轻捻。通过捻线不仅能够增加强度和密度，还使线变得更圆滑和柔软。

1. 捻线的方向

线的捻制方向有 S 捻（右捻）和 Z 捻（左捻）（图 4-147）。

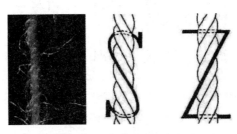

图 4-147　线的捻制方向

2. 捻线数

线的捻数（捻的强弱），是根据线的强度和柔软度和使用目的来区分使用。捻数是用每单位长度（1 m、1 cm、1 in）的数量表示的。捻数小的话，线就会变得柔软，绒毛多；捻数大的话，线就会变得紧实。

3. 捻线与布料的关系

捻线的方向、捻的数量与布料的手感有着密切的关系。

用轻捻的短纤线织成的织物，做针织的话就会成为柔软有量感的布料，用轻捻的或无捻线的连续长纤维制成绸缎或薄面料能够具有光泽感。强捻线能在织物表面产生收缩感，由于线绷紧而产生冷感、冷峻感，还能产生重量感。

扎花时，S捻、Z捻的线交替排列效果会更好。如乔其纱（图4-148）、绉绸（图4-149）等。

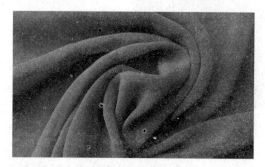
图4-148　乔其纱

图4-149　绉绸

纺织的线有经纱和纬纱的区别，经纱比纬纱对强度的要求更高。平织的经纱线和纬纱线如果使用相同方向的线，就会变成粗、薄的织物。面料正面的经纱线、纬纱线的捻线方向相反的话，织纹则清晰可见。如果在经纱线、纬纱线上使用不同方向的捻线，面料织纹就会看起来很密，变成很厚的织物。如果经纱线、纬纱线的捻线方向一致，织纹则看不清楚。

4. 捻合

捻合的形式如图4-150所示。

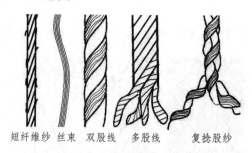
短纤维纱　丝束　双股线　多股线　复捻股纱
图4-150　捻合的形式

（1）单线、单捻线。短纤线和长丝线无论是S捻还是Z捻，一般都是单方向捻线，特别是在纺线中，把刚刚构成线的最简单的线称为单线。连续长纤维将1个或2个以上的连续长纤维拉在一起捻成的线称为单捻线，根据拉在一起的数量不同也被分为1根单捻和2根单捻。

（2）多捻线。多捻线是指将 2 根以上的单线或单捻线丝合在一起捻成的线。

使用 2 条纺织单线的纱线被称为双股线，使用 3 条纺织单线的纱线通常被称为三股线，也有制作四股线、五股线等多股线。在连续长纤维的情况下，根据配合捻制的单捻线的数量，被称为 2 根复捻线或 3 根复捻线。

（3）下捻和上捻。一般捻线时，将单线或单方向捻线的捻称为下捻，将多捻线的捻称为上捻，上捻和下捻多是反向捻。朝与下捻相反的方向向上捻，下捻会回弹，成为有膨胀的回弹少的线。上捻和下捻朝同一方向，各单线的捻就会变强，成为硬线。具有特殊外观和手感的装饰线可以综合多种纺线方式。

（二）线的粗细

一般线很细，截面形状不均匀，复杂，很难用直径表示。因此，线的粗细通过线的长度和重量的关系间接地表现出来，使用了码数、旦尼尔（D）、tex 来表示。

1. 码数

这是根据标准重量的线的长度为单位，以长度的多少倍来表示线的码数。像这样用一定重量的长度表示的方法，叫作恒重式。适用于棉线、麻线、毛线、化学纤维的短纤线等，根据线的种类不同，标准重量、单位长度也不同。

相同重量下，线越长说明线越细。例如，453.6 g（1 磅）棉纱的长度是 768.1 m（840 码），那么就是 1 号线，768.1 m 的 30 倍就是 30 号线，如此类推，号数越大，线就越细。另外，该标准重量 1 磅来自线的卷取形态的重量。

牛仔布等厚织物使用的是 10~16 号的粗线，而棉，巴厘纱等薄织物使用的是 60 号以上的细线。如图 4-151 所示为 80 号长丝线。

图 4-151　80 号长丝线

2. 旦尼尔

旦尼尔 [简称旦（D）或 den] 是根据标准长度的线的重量为单位，重量的倍数来表示粗细的。像这样用一定长度的重量表示的方法，叫作恒长式。适用所有的长丝线和短纤线。

例如，9 000 m 的长丝线的重量为 1 g，则为 1 D，重量为 50 g，则为 50 D，D 数越大，线就越粗。1999 年，随着单位的国际标准化，D 向 dtex 过渡。即，如果 10 000 m 的长丝线的长度为 1 g，则设为 1 dtex。

3. tex

tex 也是恒长式的一种，适用所有纤维、纱线，ISO（国际标准化组织）统一规范。

4. 捻合和粗细

如果不考虑线的捻缩的话，大体上捻合的线和它的粗细关系如下：

（1）棉线的 60 号双线（60/2s）相当于 30 号单线（30s）的粗细。

（2）毛线的 48 号双线（2/48）相当于 24 号单线（1/24）的粗细。

（3）120 D 3 根捻合线（120dx3）相当于 360 D 单线的粗细。

五、其他线

（一）加工线

因为化纤长丝线表面没有绒毛，不具备蓬松感，触感光滑，为了提高质感在合成纤维中利用了热可型性的材料等，加工成卷曲带有褶皱的具有伸缩性和蓬松感的线。这被称为加工线。

加工线改善了长丝线的通用性低的缺点，可以纺制出让人穿着舒服的产品，但是线的构造上容易起毛或起球。

合成纤维的素材，几乎都是聚酯纤维和尼龙，充分发挥其优良的性能，用于毛衣、衬衫、西装等普通的外衣、内衣等，还广泛使用于长筒袜（图 4-152）、短裤、泳装、运动服等。

图 4-152　长筒袜

加工线的制法有假捻法、挤压法、空气喷射法等，制成的线的形状、性质也不同。

1. 假捻法

连续地进行加捻→热固定→解捻的工序，因为过程最后需要解一次捻，所以有"假捻"这个名称。每 1 m 合纤长丝线，都经过数千次的捻制，热固定之后，反过来放松捻，就会产生蓬松感，成为非常容易拉伸（3~5 倍）的线。以乌利尼龙（图 4-153）、弹力尼龙而闻名，现在大部分加工线都是用这种方法制作的。

图 4-153　乌利尼龙

2.挤压法

把连续长纤维塞进一个叫作堆叠箱的箱子里，里面的线会产生不规则的弯曲。在那个状态下热固定，依次取出的话会形成有细小的 Z 字形卷曲的线，其伸缩性为 1.5~2 倍，蓬松性变大。

3.空气喷射法

向连续长纤维喷射高压空气，连续长纤维就会变得散乱，出现不规则的小环形，变成松弛、缠绕的状态，因为这个制法不需要热处理，所以使用面广。线的伸缩性虽小，但体积大，蓬松度好，具有由纠缠、缠绕特性而来的有变化的手感。

（二）复合线

两个以上性质不同的纤维混用称为复合。其方法有混纺、混纤、长短复合、交捻、交织、交编等。复合的目的是互补纤维性能，制造出新的功能性和质感。此外，还有降低成本、增加产量等目的。

1.混纺线

混纺线是将两种以上不同的短纤维在纺线过程中均匀分散，混合而成的纱线。一是为了降低价格，二是通过混合不同性质的纤维，能够同时发挥两者的特性，弥补单一纤维不足的性质。混纺线多为天然纤维或是由再生纤维和合成纤维组成的，有棉和聚酯、毛和聚酯、毛和丙烯酸等各种各样的组合，根据其混合比例用重量比（%）表示。

2.混纤线

将不同的 2 种以上的连续长纤维混合，制成一根线。为了使混合均匀，有使静电作用于连续长纤维束，同时用两种连续长纤维织布纺线等方法。

纤维本身的色调不同和染色性有差异的组合，可以表现出混色线。在合成纤维中，用热收缩不同的连续长纤维的组合制作蓬松的线（异收缩混纤线），也有使用粗细不一的连续长纤维的混纤线。

3. 交捻线

交捻线是指将不同的两种以上的线捻在一起的线。

（三）装饰线

装饰线也叫作花式线、设计线，改变了线的种类、粗细、色调、捻数等，使之具有特殊的外观装饰效果和触感的线。装饰线通常是用设计捻线机制作的，但在纺织工艺中也会制作出装饰线（图4-154）。

彩图4-154

图4-154　装饰线

（四）缝纫线

服装用的针线，分为工业用的和家用的，又分为缝纫机线和手缝线。针线的材料有棉、丝、聚酯、尼龙等，是JIS规格化的。因为工业用消耗量大，所以1卷线的量有500 m以上，线的卷形状也有很多种。家用规格为100~500 m，手缝线规格为20~100 m。如图4-155所示为德国机缝线，图4-156所示为手缝线。

图4-155　德国机缝线

图4-156　手缝线

在缝纫机线中，合线的上捻除一部分用途外都是Z捻，其粗细均匀，捻力均匀，表面平滑。而手工线使用S捻较多，比缝纫机线捻力轻。

1. 棉缝线

棉缝线有手缝线和缝纫机线，手缝线有粗线和假缝线等。在日本，对棉线的粗细有非常细致的编号划分，棉线的编号是根据下面的公式决定的，与短纤线的编号表示不同。如图4-157所示为日本制假缝用手缝棉线。

$$N=b×3/a$$

式中　N——棉的编号（#）；

　　　a——合线数；

　　　b——原线（单线）的编号。

图 4-157　日本制假缝用手缝棉线

号段数越大，线越细，常用的号段为 40~80 #。另外，根据加工方法的不同，用途也不同。有优化加工和轻加工等，优化加工，是对丝光加工了的线进行打蜡，使之具有光泽和光滑的线，作为缝纫机线被使用。轻加工是不经过打蜡完成的线，用于做锁边线等。

2. 蚕丝线

蚕丝线是把生线根据缝纫线需要的粗细，拉成几根对齐捻制而成的，有手缝线和缝纫机线，手缝线有扣眼线、假缝线等。蚕丝线的品种号数由 JIS 根据粗细规定，即便号数与棉线的号数相同的情况下，粗细也不一定完全相同，但大致对应。50 号左右的比较常用。

3. 合纤线

合纤线主要有长丝线、弹性线、棉混纺线等，其主要材料是聚酯纤维和尼龙（图 4-158）。合纤缝纫线经常被用于工业。

图 4-158　合纤线

聚酯长丝线的外观和触感与丝线相似，聚酯弹性线的外观和棉线相似，这两种线的强度比丝线、棉线要大，多用于手缝线、缝纫机线和锁边线。合纤线的编号方式与棉线的编号规定大致相同。

（五）金属线

金属线（图 4-159）都以华丽的装饰效果为目的，被编织在高级服装素材中，作为舞台服装、窗帘等被广泛使用。除这些装饰作用外，金属线还有独特的功能性，如将铜纤维使用在袜子中，会起到预防脚气的作用，将不锈钢纤维作为防静电用混入地毯和工作服中等，充分发挥其功能性作用。

图 4-159　金属线

课后习题

1. 列举三种市场上常见的粘合衬。

2. 列举三种市场上常见的垫肩。

3. 列举三种市场上常见的拉链。

4. 列举短纤纱线和长纤纱线的种类。

第五章

当代新型科技面料的发展

随着科技的进步，服装材料不断推陈出新，新型服装材料的开发周期越来越短，正确认识和应用这些新型服装材料，对于服装设计者、生产者和消费者来说，无疑是很重要的。

服装的外观和性能是由纤维、纱线、服装材料结构和后整理四个方面共同决定的，新型服装材料的开发也源于这四个方面的创新。近年来，新型服装材料主要来自纤维原料和后整理方面的创新。

一、新型天然纤维服装面料

尽管化学纤维发展很快，但天然纤维没有被忽视。随着人们对休闲、舒适、纯天然、安全等的重视，一些新型的天然纤维不断地被开发和利用。

（一）新型棉纤维服装面料

通常而言，人们期望棉纤维有良好的白度以便在后续加工中可染得所需的颜色，但是，服装面料的印染过程需要大量的水且产生大量的污水，处理不善容易造成环境污染。因此，人们设想生产出天然彩色的棉花。经过开展彩色棉的研究和种植试验，现已培育出浅黄、紫粉、粉红、咖啡、绿、灰、橙、黄、浅绿和铁锈红等颜色的天然彩色棉。

（二）新型麻纤维服装面料

近年来，麻纤维面料受到人们的欢迎，麻纤维面料开发热点主要在于：首先，改善传统的苎麻、亚麻面料的舒适性和抗皱性；其次，罗麻布、大麻等具有抗菌保健作用的麻类面料的开发。

1.传统麻面料

利用先进的制麻工艺和纺纱工艺，降低纺纱线密度，应用生物技术，对麻纤维或服装面料进行加工处理，开发出柔软、光泽好、抗皱并且具有耐热、防腐、防霉和吸湿性、放湿性好的新型苎麻和亚麻面料，是夏季较高档的服装面料。

2. 罗布麻面料

罗布麻面料多为罗布麻与棉等纤维的混纺和交织面料。罗布麻纤维（图5-1）纵向有横节竖纹，截面呈明显不规则的腰子形，中腔较小。罗布麻的强度与棉纤维相当，比苎麻和亚麻低，有很好的吸湿性、放湿性能。

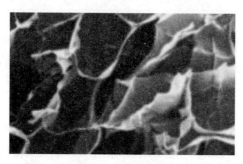

图5-1　罗布麻纤维

罗布麻中因含有麻甾醇等挥发性物质，对金黄色葡萄球菌、绿脓杆菌、大肠杆菌等有不同的抑菌作用，并具有防臭、活血降压等功能。因此，它迎合了人们追求保健纺织品的心态，而成为近年来市场关注的热点。

（三）蚕丝新面料

（1）防缩免烫真丝面料。真丝面料有许多优点，但易缩易皱，需要熨烫保养，不适应现代快节奏的生活方式，市场正在萎缩。新开发的具有抗皱、防缩和免烫的真丝面料，在保持真丝面料原有优点的基础上，兼有抗皱防缩和免烫的性能，经50次家庭洗涤后，仍有良好的抗皱性能。

（2）蓬松真丝面料。通过缫丝时用生丝膨化剂对蚕茧进行处理，并经低张力缫丝与复摇，使真丝具有良好的蓬松性。与普通的真丝相比，直径可增加20%~30%，可织重磅服装材料，其服装材料手感柔软、丰满、挺括、不易折皱且富有弹性，适合制作时装和套装。

（四）新型毛纤维面料

近年来，毛纤维服装面料延续着高档、轻薄、多功能的发展方向，并研制开发了多种适用于春夏季节的羊毛服装面料。

（1）丝光羊毛。由于羊毛表面鳞片的存在，使羊毛具有缩绒性。剥除和破坏羊毛鳞片是消除羊毛织物毡缩的最直接也是最根本的一种方法。通常而言采用氧化剂，如次氯酸钠、氯气、氯胺和亚氯酸钠等，使鳞片变质或损伤。经过处理的羊毛不仅获得了永久性的防缩效果，而且使羊毛纤维变细，纤维表面更加光滑，富有光泽，染色变得容易，色牢度也好，有人称之为羊毛丝光处理。

用丝光羊毛加工的羊毛衫，手感柔软、滑糯，抗起毛起球，耐水洗，能达到可机洗的要求，服用舒适无刺痒感。近年来，在中高档羊毛衫市场受到欢迎。

（2）拉细羊毛。随着毛纺产品轻薄化的发展趋势和适应四季穿着的要求，消费者对细羊毛和超细羊毛的需求日益增长。但直径＜18μm的羊毛产量极少。拉细处理的羊毛长度伸长、细度变细约20%，如细度为21μm的羊毛经过拉细处理可细化至17μm左右，19μm的羊毛经过拉细处理可细化至16μm左右。拉细羊毛的形态为伸直、细长、无卷曲的纤维，提高了弹性模量，细度变细，具有丝光、柔软效果，但断裂伸长率下降。

拉细羊毛产品轻薄、滑爽、挺括，悬垂性好，有飘逸感，呢面细腻，光泽明亮，穿着无刺痒感，无粘贴感，成为新型高档服装面料。

（3）轻薄羊毛精纺面料。由于毛纱的上浆和退浆还存在困难，传统上，羊毛精纺面料都采用股线织造，限制了纱线的可纺线密度，从而限制了服装材料的轻薄程度。

近年来，主要采用赛络纺纱技术（又名并捻纺，国内称为AB纱，Sirospun）和赛络菲尔纺纱技术（在赛络纺的基础上发展产生的，将化纤长纤维与短纤维须条并合加捻成双组分纱线的纺纱方法，也称双组分纺纱，Sirofil），降低毛纱的线密度，或采用羊毛与可溶性纤维制成羊毛混纺纱，织成服装材料后再把可溶性纤维溶解掉，加工出轻薄的羊毛精纺面料。

（4）绵羊绒。绵羊绒是生长内蒙古草原的乌珠穆沁肥尾羊身上的细绒毛，由于先进的纤维分梳技术的开发，人们已成功地将这种细绒毛分梳出来，成为新型的纤维原料。绵羊绒比山羊绒粗，多用于针织品，如绵羊绒衫。

二、新型再生纤维服装面料

（一）新型再生纤维素纤维服装面料

再生纤维素纤维是最早发明的化学纤维，目前仍在化学纤维中占有重要的地位。再生纤维素纤维，尤其是黏胶纤维，在生产过程中会造成环境污染。为了克服这个问题，经过研究成功发明了新的用有机溶剂直接溶解生产再生纤维素纤维的工艺方法，并取得了专利。我国市场把由这类方法制造的纤维素纤维称为"天丝"，纤维的生产过程对环境无污染，它既具有传统的再生纤维素纤维良好的吸湿性和穿着舒适性，强力又有较大的提高，其干强和湿强分别是黏胶纤维的1.7倍和1.3倍。由此类纤维加工的服装材料具有黏胶纤维服装材料类似的服用性能，但尺寸稳定性和强力增加，可与各种纤维混纺，制成多种风格的面料。

（二）新型再生蛋白质纤维服装面料

1. 大豆蛋白纤维

大豆蛋白纤维是我国最先进行工业化生产的一种再生蛋白质纤维。大豆蛋白纤维为淡黄色，很像柞蚕丝的颜色。大豆蛋白纤维的单纤维断裂强度接近涤纶，比羊毛、棉、蚕丝的强度都高，断裂伸长与蚕丝接近，初始模量和吸湿性都与棉纤维接近，耐热性较差，在120℃左右泛黄发黏。大豆蛋白纤维的耐酸性好，耐碱性一般。

大豆蛋白纤维目前已经用于开发新型服装面料，主要有大豆蛋白纤维针织内衣、睡衣面料（图5-2）和大豆蛋白纤维衬衫面料（图5-3）。

图5-2　睡衣面料

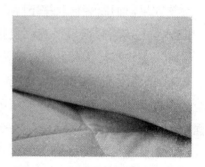

图5-3　大豆蛋白纤维衬衫面料

2.玉米蛋白纤维

玉米蛋白纤维与其他再生蛋白纤维相近，它们的最大共同特点是在产业用途中具有良好的环保性能，纤维的强度、吸湿性、伸长性以及染色性能和常用的化学纤维相近，玉米纤维除了可以做内衣、外衣和运动服外，更多的可用于产业用纺织品。

例如，维卡拉纤维是美国 Corn Pruduot Refining 公司生产的玉米蛋白纤维。维卡拉纤维耐高温，具有抗生物性，化学性质稳定，与其他纤维混纺，可以降低成本，提高稳定性、抗皱性以及柔软性。

（三）新型合成纤维服装面料

合成纤维服装材料有强力高、保形性好、易洗快干、免烫、易保养、耐用性好、耐化学药品性能好等优良的服用性能，但常规的合成纤维服装材料有吸湿性差、手感差、光泽不佳、染色困难、容易勾丝、容易起毛起球、易起静电等问题。为了解决这些问题，不断研制开发出新型的合成纤维，并结合合理的纱线和服装材料组织结构及新型的后整理，开发出新型的合成纤维服装材料。

1.异形纤维

异形纤维最早是指用非圆形喷丝孔纺制的合成纤维，其特点是纤维横截面不是常规合成纤维所具有的圆形或近似圆形的截面。除采用异形喷丝孔这种方法外，还有膨化黏结法、复合纺丝法、轧制法和孔形（径）变化法等多种加工异形纤维的方法。

（1）异形纤维的性能特点。与常规合成纤维相比，异形纤维的优点包含以下方面：

1）光泽好。异形纤维表面对光的反射强度随入射光的方向而变化。利用这种性质可以制成具有真丝般光泽的合成纤维服装材料。此外，不同截面的异形纤维的光泽也不同。三角形、三叶形、四叶形截面纤维反射光强度较强，通常而言具有钻石般光泽；而多叶形（如五叶形、六叶形、八叶形）截面纤维光泽比较柔和，闪光小。

2）耐污性好。异形截面纤维的反射光增强，纤维及其服装材料的透光性减小，因此，服装材料上的污垢不易显露出来，能够提高服装材料的耐污性。

3）覆盖性。一般异形纤维的覆盖性比圆形纤维大。

4）蓬松性和透气性。异形纤维有较好的蓬松性、透气性，服装材料手感厚实、丰满、质轻。

5）抗起球性和耐磨性。由于异形纤维表面积增大，连续长纤维间的抱合力增大，服装材料经摩擦后不易起毛。即使起毛、起球后，因单丝的强度异形化后相对降低，球的根部与服装材料间连接强度降低，小球容易脱落。锯齿形截面纤维游离起球的倾向最小。此外，异形纤维织物表面蓬松，摩擦时接触面积减小，耐磨性也随之提高。

6）吸放湿性及抗静电性能。由于表面积和空隙增加，异形纤维服装材料的吸湿性增加，抗静电性能有所改善。此外，异形纤维服装材料在水中浸湿后的干燥速度也较快。

（2）异形纤维新型面料。近年来，国内服装材料市场上异形纤维使用比较突出的特点是强调排汗快干性能的夏季面料（图5-4）。

图5-4　排汗快干性能的夏季面料

目前，市场上有多种具有特殊设计截面的、有很好的液态水传递性能的纤维，被用于运动服装和夏季服装面料的开发，它的截面不仅是独特的四管状。同时可做成中空纤维，而且纤维的管壁透气，这种特殊的结构使它有很好的液态水传递能力，吸湿性增加，这种纤维被广泛用于运动服装和夏季服装面料，有吸湿排汗功能。

2. 复合纤维

复合纤维是由两种及两种以上的聚合物或性能不同的同种聚合物，按一定的方式复错成的纤维。由于这类纤维横截面上同时含有多种组分，因此，可制成三维卷曲、易染色、难燃、抗静电、高吸湿等特殊性能的纤维。常见的双组分复合纤维的截面结构包含以下方面：

（1）并列型复合纤维。并列型复合纤维最重要的特征是能够产生类似羊毛的、永久的纤维卷曲，如三维卷曲腈纶复合纤维和聚酰胺/聚酯并列型复合纤维。并列型复合纤维所选用的组分多要求具有一定的性质差异，这样可以通过收缩性质的不同而产生永久性的三维卷曲。永久性三维卷曲纤维制成的产品外观更蓬松、手感更丰满、更富有弹性，回弹性和保暖性更好。

（2）皮芯型复合纤维。皮芯型复合纤维结构方式主要用于导电纤维、优质帘子线、热粘接纤维、自卷曲纤维等。

（3）多层型、放射型复合纤维。利用对多层型和放射型复合纤维进行溶解、剥离制取超细纤维或极细纤维是超细纤维生产的一种重要方法，这种纤维纤细、柔软，有光泽，用于织成高密服装材料，经过砂洗等处理后，呈现出桃皮绒般的表面效果，用于滑雪衫、防风运动服、衬衣、夹克等服装面料。

（4）海岛型复合纤维。海岛型复合纤维结构也广泛地应用于制造超细纤维和抗静电纤维。

3. PBT 纤维

PBT 纤维即聚对苯二甲酸丁二酯纤维，这是一种新型聚酯纤维，原来主要用于塑料工业。由于 PBT 纤维具有弹性好、染色性好、洗可穿性好、挺括、尺寸稳定性好等优良性能，近年来在纺织行业得到广泛应用，可用作游泳衣、体操服、网球服、弹力牛仔服等面料。

4. 超细纤维

对超细纤维较通用的分类方法主要包含以下方面：

（1）按与蚕丝细度接近或超越程度分类，一般可分为细特纤维和超细纤维两种：

1）细特纤维，指线密度 > 0.44 dtex（0.4 旦）而 < 1.1 dtex（1.0 旦）的纤维称为细特纤维，或细旦纤维。细特纤维组成的长纤维称为高复丝，细特纤维多用于仿丝绸面料。

2）超细纤维，指单纤维线密度 < 0.44 dtex（0.4 旦）的纤维称为超细纤维。超细纤维组成的长纤维称为超复丝，超细纤维主要用于人造麂皮（图 5-5）、仿

桃皮绒（图5-6）等面料。

图5-5　人造麂皮　　　　　　　　图5-6　仿桃皮绒

（2）按纤维的生产技术和性能分类，一般可分为细旦丝、超细旦丝、极细旦丝、超级细旦丝：

1）细旦丝。单丝线密度为0.55（0.5旦）~1.4 dtex（1.3旦）的丝称为细旦丝。以涤纶为例，其单纤维直径为7.2~11.0 μm。

细旦丝可以用常规的纺丝方法和设备生产。细旦丝的细度和物理性能与蚕丝比较接近，可用传统的织造工艺加工，产品风格与真丝绸比较接近，所以多用于仿真丝面料。

2）超细旦丝。单丝线密度为0.33（0.3旦）~0.55 dtex（0.5旦）的丝称为超细旦丝。以涤纶为例，其单纤维直径约为5.5~7.2 μm。超细旦丝可以用常规的纺丝方法生产，但技术要求较高。另外，它可以用复合分离法生产。超细旦丝主要用于高密防水透气织物和高品质的仿真丝面料。

3）极细旦丝。单丝线密度为0.11（0.1旦）~0.33 dtex（0.3旦）的丝称为极细旦丝。以涤纶为例，其单纤维直径约为3.2~5.5 μm，极细旦丝需要用复合分离法或复合溶解法生产。极细旦丝主要用于高级人造皮革、高级起绒服装材料和拒水服装材料（图5-7）等高新技术产品。

4）超级细旦丝。单丝线密度在0.11 dtex（0.1旦）以下的纤维称为超级细旦丝。超级细旦丝大多采用海岛纺丝溶解法或共混纺丝溶解法进行生产，织物多为非织造布，主要用于高级仿麂皮、高级人造皮革（图5-8）、过滤材料（图5-9）和生物医学领域。

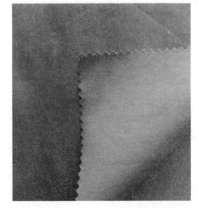

图5-7　拒水服装材料

图 5-8　高级人造皮革

图 5-9　过滤材料

5.易染纤维

除聚酰胺纤维和共聚丙烯腈纤维较易染色外，大多数合成纤维染色都很困难。改善染色性是合成纤维改性的一项重要内容。

易染纤维是指可用不同类型的染料染色，并且染色条件温和，色谱齐全，染出的颜色色泽均匀，色牢度好。

（1）常温常压无载体可染聚酯纤维。普通聚酯纤维一般要在高温、高压或载体存在的条件下才能用分散染料染色，这种聚、共混等方法，使聚酯纤维在不用载体，染色温度低于 100 ℃ 的情况下可用分散染料染色。例如，聚对苯二甲酸乙二酯与聚乙二醇的共混纤维、聚对苯二甲酸丁二酯纤维（PBT 纤维）。

（2）阳离子可染聚酯纤维。与分散染料相比，阳离子染料（图 5-10）具有色谱齐全、色泽鲜艳、价格低、染色工艺简单等优点。阳离子可染聚酯纤维与天然纤维如羊毛的混纺服装材料，可采用同浴染色，使染色工艺大大简化；阳离子可染聚酯纤维与普通聚酯纤维混纺可加工为混色服装材料（图 5-11）。

彩图 5-10 和彩图 5-11

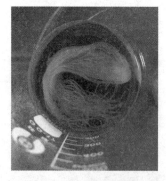
图 5-10　阳离子染料

图 5-11　混色服装材料

6.高吸湿性纤维

纤维材料的吸湿性对服用服装材料有重要意义。普通合成纤维的吸湿性一般较差，尤其是聚丙烯纤维和聚酯纤维。

提高合成纤维的吸湿性，过去用共聚法和接枝共聚法，但效果不够明显。新的方法是使纤维多孔化。纤维多孔化后，在纤维内部形成了许多大小不一的孔隙，这些孔隙可以吸收和保留相当多的水分，使疏水性合成纤维的吸湿性、透水性大大提高。

（1）多孔聚丙烯腈纤维。聚丙烯腈纤维在正常大气条件下的回潮率为 2% 左右，在加工和使用中仍有静电问题。

多孔聚丙烯腈纤维具有很高的吸湿性和透水性，而且没有黏湿感，即使吸湿后也有很好的透气性和保温性，这类纤维的强伸度和普通腈纶相当，是一种理想的内衣和运动服面料用的纤维原料。如图 5-12 所示为多孔聚丙烯腈纤维面料。

（2）多孔聚酯纤维（图 5-13）。吸汗聚酯短纤维和吸汗聚酯长纤维是以聚酯为基础聚合物制成，在该纤维上，直径为 $0.01\sim0.03\,\mu m$ 的微孔均匀地分布在纤维的表面和中空部分，这些从表面通向中空部分的微孔通过毛细管作用吸收汗液。吸收的汗液通过中空部分扩散，并进一步从微孔蒸发到空气中去。汗液吸收的速度和扩散的速度比棉快，因而汗液不会留在皮肤上，使皮肤保持干燥，提高舒适性。适宜制作紧身衣、内衣、训练服、衬衫及夏季服装。

图 5-12 多孔聚丙烯腈纤维面料　　图 5-13 多孔聚酯纤维面料

（3）多孔聚酰胺纤维（图 5-14）。多孔聚酰胺纤维其微孔沿纵向排列，微孔尺寸较长，有时可形成连续的孔道。孔道一般不与表面成径向贯穿，它也是一种高吸湿性聚酰胺纤维，其吸湿性与棉相似，强度高，手感柔软。适宜制作内衣、训练服、衬衫及夏季服装。

7. 高收缩纤维

合成纤维中一般的短纤维沸水收缩率不超过 5%，长丝为 7%~9%。通常而言把沸水收缩率在 20% 左右的纤维称为收缩纤维，把沸水收缩率 > 35% 的纤维称为高收缩纤维。

（1）高收缩型聚丙烯腈纤维（图 5-15）。高收缩型聚丙烯腈纤维的加工方法比较简单，主要包含三个方面：首先，在高于腈纶玻璃化温度下多次拉伸，使纤维中的大分子链舒展，并沿纤维轴向取向，然后骤冷，使大分子链的形态和应力被暂时固定下来，在松弛状态下湿热处理时，大分子链因热运动而蜷缩，引起纤维在长度方向的显著收缩；其次，通过增加第二单体丙烯酸甲酯的含量，能够大幅度提高腈纶的收缩率；最后，采用热塑性的第二单体与丙烯腈共聚，可以明显提高腈纶的收缩率。高收缩腈纶的最主要用途是与普通腈纶混纺制成腈纶膨体纱，或者与羊毛、麻、兔毛等混纺或纯纺，制成的各种服装材料，具有质轻、蓬松、柔软、保暖性好等特点。

图 5-14　多孔聚酰胺纤维面料　　　　图 5-15　高收缩型聚丙烯腈纤维面料

（2）高收缩型聚酯纤维。高收缩型聚酯纤维的加工方法有两种，一种是采用特殊的纺丝与拉伸工艺，如低温拉伸、低温定形等；另一种是采用化学改性的方法，如以新戊二醇制取共聚聚酯，用这种方法制得的高收缩涤纶的沸水收缩率很小，因此可以用精梳毛条或纱线方式染色，制成服装材料后在 180 ℃左右温度下才发生收缩，收缩率可达到 40%。

高收缩涤纶可用于与普通涤纶、羊毛、棉纤维等混纺或与涤纶、漆棉、纯棉纱线交织，生产独特风格的服装材料，如机织泡泡纱（图 5-16）、凹凸织物条纹服装材料等，或提高仿毛纺丝面料的蓬松度和丰满度。

图 5-16　机织泡泡纱

8. 弹性纤维

弹性纤维是指具有高断裂伸长率（400% 以上）、低模量和高弹性回复率的合成纤维。纤维的模量也称"初始模量"，它是指纤维拉伸曲线上开始一段直线部分的应力应变比值，在实际计算中，一般可取负荷伸长曲线上伸长率为 1% 时的一点来求得纤维的弹性模量。纤维弹性模量的大小表示纤维在小负荷作用下变形的难易程度，它反映了纤维的刚性，并与织物的性能关系密切，当其他条件相同时，纤维的弹性模量大，则织物硬挺；反之，则织物柔软。

在弹性纤维中，聚氨酯系的弹性纤维占有重要地位，是弹性纤维的主要品种，也称斯德克斯，由氨基甲酸酯嵌段共聚物组成，简称为氨纶。其他的弹性纤维主要是丙烯酸酯系的弹性纤维。

（1）聚氨酯弹性纤维。聚氨酯弹性纤维分为聚酯型和聚醚型两种。氨纶的断裂伸长率＞400%，甚至高达800%，伸长到500%时，弹性回复率为95%~100%。氨纶的染色性尚好，用于锦纶的大多数染料都可染氨纶。一般用分散染料、酸性染料或络合染料等。氨纶的使用方式包含：裸丝；由一根或两根普通纱（丝）与氨纶丝、合并加捻而成的加捻丝；以氨纶为芯纱，外包其他纤维的纱（丝）制成包芯纱；以氨纶为芯纱，外缠各种纱线制成的包缠纱；纺丝时与其他聚合物一起纺制成皮芯型复合纤维。目前，使用最多的是氨纶包芯纱。

近年来，含氨纶的弹性服装材料，尤其是含杜邦公司生产的莱卡纤维的服装面料广受市场的欢迎。由氨纶或其包芯纱通过针织、机织方法可制成游泳衣、弹力牛仔布（图5-17）和灯芯绒等面料，并且其弹性大小都可以根据服装的要求来确定。

（2）丙烯酸酯系的弹性纤维，它是以丙烯酸乙酯、丙烯酸丁酯等为原料。丙烯酸酯弹性纤维称为阿尼达克斯，商品名叫作阿尼姆/8（图5-18）。

图5-17　弹力牛仔布　　　　　　　　图5-18　阿尼姆

丙烯酸酯系的弹性纤维比氨纶问世晚，它具有优良的耐老化性能、耐日光性、耐磨性、抗化学药剂性及阻燃性，这些性能都优于氨纶。与氨纶相比，丙烯酸酯系的弹性纤维的弹性与氨纶相似，强力比聚酯型氨纶略小，吸湿性介于聚酯型氨纶和聚醚型氨纶之间，耐热性优于氨纶。

（四）功能型服装面料

1. 智能型抗浸服面料

智能型抗浸服面料采用在纤维表面引入刺激响应性高分子凝胶层。利用水凝胶吸水溶胀、脱水退溶胀的特性，针对抗浸服的具体工作环境，通过实验设计，将某种适合的凝胶单体在服装材料上进行接枝聚合。

在干燥状态下，接枝凝胶层收缩，服装材料上形成大量的孔隙，可保证人体散发的汗气透过，满足穿着舒适性的要求；当浸入水中时，接枝凝胶层快速溶胀，将孔隙封闭，从而具备良好的抗浸性能，使防水与透湿两种性能在不同的环境下分别得到满足，具有一定的智能性。

2. 防水透湿面料

消费者越来越重视服装的舒适性。对于冲浪（图 5-19）、滑雪（图 5-20）、野外作业等环境下穿着的服装，人们希望这些服装面料兼有防水性和透湿性。防水透湿服装材料包含以下方面。

图 5-19　冲浪服

图 5-20　滑雪服

（1）拒水整理的高密服装材料（图 5-21）。由超细纤维制得的具有防水透湿功能的高密服装材料，其服装材料密度可达普通服装材料的 20 倍，不经拒水整理可耐 9.8×10^3 Pa~1.47×10 Pa 的水压，通过拒水整理后，可达到更高要求。

利用高密服装材料制成的服装，由于轻薄耐用，广泛用于户外体育活动的运动服装面料，同时，由于高密服装材料有很好的防风性能，广泛用于制作防寒服（图 5-22）。由于其耐水压不高，只能用于防水要求不高的场合。

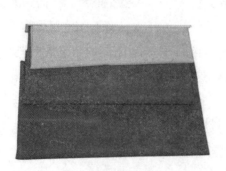

图 5-21　拒水整理的高密服装材料

图 5-22　防寒服

（2）层压防水透湿服装材料，这类服装材料是使用一种功能性的隔离层与服装材料"胶合"，服装材料本身具有一定的结构，利用特殊的粘合剂将层压膜胶合于服装材料上，该类服装材料一般使用圆网印制法、喷涂法和网状层压法。

1）Gore-tex 服装材料（图 5-23）是最早应用层压法制造的防水透湿服装材料，产品关键部分是有微孔的聚四氟乙烯薄膜，薄膜厚度约 25μm，气孔率为 82%，每平方厘米有 14 亿个微孔（每平方英寸有 90 亿个微孔），平均孔径 0.14μm，孔径范围为 0.1~5μm，大约是水滴的 1/2 000，因此水滴不能通过，而且 PTFE 薄膜是拒水的。孔径比水蒸气分子大 700 倍，水蒸气可以通过，这样的薄膜具有优良的防水透湿性能，用其制成的服装，随着服用时间的增长，防水透湿性能逐渐变差，甚至会出现面料渗水现象，而且还存在缝纫针孔漏水的问题。

升级后的第二代 PTFE 膜是由 PTFE 膜和拒油亲水组分聚氨酯构成的复合膜。虽然透湿性有所下降，但聚氨酯组分具有高度选择透过性，它仅让水蒸气分子通过，其他的液体都不能通过，即具有高选择性的渗过性膜，克服了第一代产品的缺点。

2）Sympatcx 服装材料（图 5-24）的层压膜是含 20%~50% 的聚环氧乙烷和对苯二甲酸丁二酯的烷化挤压出的共聚酯膜，该膜的结构是均一相的，并且无孔，水蒸气可渗透性是共聚高分子固有的性质。在水洗和干洗时，不存在孔被灰尘和其他物质堵塞的问题，透气性也不会受到影响。Sympatex 标准膜的厚度是 10μm，目前已开发出超薄和超厚的品种，这些膜的厚度范围为 5~100μm。

图 5-23　Gore-tex 服装材料

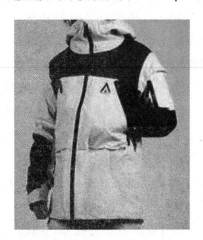

图 5-24　Sympatcx 服装材料

（3）涂层服装材料。涂层法制成的防水透湿服装材料根据所用的涂层剂不同可分为微孔结构的涂层和无孔亲水涂层两种。

20 世纪 60 年代后期及 70 年代初开发的微孔涂层服装材料，是目前生产和应用较多的防水透湿服装材料，它是在服装材料表面施加一层连续的微孔膜，微孔直径是水滴的 1/5 000~1/2 000，是水蒸气的 700 倍左右，因而最小的雨滴也不能通过。在穿着过程中，由于衣服内部和外界环境存在温度差和水汽压差，水汽可顺利地从内侧向外侧逸出。同时，涂层采用疏水性物质，则孔径越小，开孔率越大，对水蒸气的透过率也越大，使服装材料具有良好的防水透湿性，此类涂层的涂层剂主要为聚酯类涂层剂。此外，还有一种聚偏氟乙烯涂层材料，涂层微孔直径仅 0.1 μm。制作该类孔膜结构的涂层方法有泡沫涂层和湿法涂层。

3. 新型医用防护服面料

目前所使用的医用防护服面料根据加工方法大致可分为高密梭织物、多层复给织物和非织造布（图 5-25）。在我国，传统的棉织物仍是防护服的主要面料，但它不能阻挡血液的渗透，难以保护医务人员免受血载病菌的感染。因此，用于保护医务人员不受血载病菌侵害的医用防护服面料成为开发的热点。

新型医用防护服面料根据天然高拒液材料——荷叶的表面存在着大量微小乳头凸起，并外覆一层蜡质薄膜的特点，利用一定的服装材料组织形成凹凸的表面结构，利用纤维的收缩形成的蓬松的线圈保持

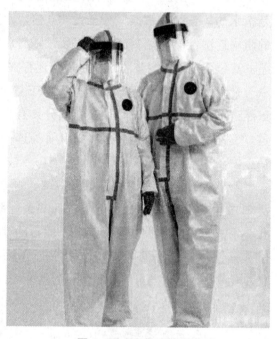

图 5-25　医用防护服面料

较多的空气，以增大复合表面的拒液性能。再通过服装材料的拒液整理，使服装材料表面覆盖一层高度拒液的整理剂进一步提高服装材料的拒液性。为使服装材料获得良好的综合性能，服装材料由外层拒液层、中间吸湿层和内层导湿层构成。

4. 热防护服面料

（1）金属镀膜布。在高温负压下用蒸着法将金属（如铝）镀在化纤或真丝布上，而后再经过涂覆保护层整理。由于金属镀膜特有镜面效果，使其对可见光和近红外线具有较强的反射能力。因此，用金属镀膜布和中间夹层用耐高温树脂和隔热材料制成的服装可供高温环境作业（图 5-26）及室外热辐射环境作业（图 5-27）使用，既轻便又柔软，不感到热，也不会被灼伤。

图 5-26　高温环境作业

图 5-27　室外热辐射环境作业

（2）耐热阻燃防护服新面料。

1）碳纤维和凯夫拉（Kevlar）纤维混纺面料（图5-28）。用碳纤维和凯夫拉纤维混纺面料制成的防护服，人们穿着后能短时间进入火焰中，对人体有充分的保护作用，并有一定的防化学品性。

碳纤维是以聚丙烯腈纤维或黏胶纤维为原料，经预氧化和碳化处理得到的一种高性能纤维，具有高强、高模量、耐高温、耐磨、耐腐蚀、导电、不燃、热膨胀系数小等特点。

图5-28 碳纤维和凯夫拉（Kevlar）纤维混纺面料

聚对苯二甲酰对苯二胺纤维，属于芳族聚酰胺纤维，我国称这类纤维为芳纶1414（图5-29），是一种高强、高模量、耐高温、耐腐蚀、难燃的纤维。

2）PBI纤维和凯夫拉纤维混纺面料。用PBI纤维和凯夫拉纤维混纺面料制成的防护服，耐高温、耐火焰，在温度为450℃时仍不燃烧、不熔化并保持定的强力。

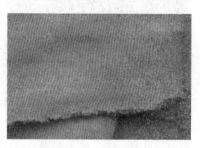

图5-29 芳纶1414

PBI纤维是聚苯并咪唑纤维的简称，是一种高性能纤维，这种纤维有优良的耐热性，在350℃以下可长期使用；它的极限氧指数为41%，在空气中不燃烧；它有很好的化学稳定性；它的回潮率为15%，穿着舒适性好；其强度和延伸性与黏胶纤维相近，纺织加工性能优良。

（五）纳米科技与服装面料

纳米科技是20世纪80年代末期崛起的一门高新技术。纳米技术在纺织领域，如制造纺织新原料、改善服装材料功能等方面，都有着较大的开发价值和发展前途。

纳米（Nanometer）是一种长度计量单位，$1 \text{ nm}=10^{-9} \text{ m}$，一个原子为0.2~0.3 nm。纳米结构是指尺寸在1~100 nm的微小结构对物质和材料进行研究处理，即用单个原子、分子制造物质的技术。

纳米材料是一种全新的超微固体材料，它是由尺寸为1~100 nm的纳米微粒构成的。纳米材料的特征是既具有纳米尺度（1~100 nm），又具有特异的物理化学性质。

1.纳米微粒的效应

（1）表面和界面效应。表面和界面效应是指纳米微粒表面原子数与总原子数之比随纳米微粒尺寸的减小而大幅度增加，粒子的表面能及表面张力都发生很大的变化，由此而引起的种种特异效应，主要表现为纳米微粒较强的化学反应活性。

（2）小尺寸效应。小尺寸效应是指纳米微粒尺寸减小，粒子内的原子数减少而造成的效应。粒子的声、电、磁、热力学性质等均会呈现出新的特性，为实用技术开拓了新领域。

（3）量子尺寸效应。量子尺寸效应是指当粒子尺寸下降到一定值时，费米能级（指温度为绝对零度时固体能带中充满电子的最高能级，费米能级等于费米子系统在趋于绝对零度时的化学势，常用 EF 表示）附近的电子能级由准连续能变为离散能级的现象，这会导致纳米微粒的磁、光、声、热、电以及超导电性与宏观特显著不同。

2.纳米材料的特征

（1）光学特征。与晶状体相比，纳米材料对光的吸收能力增强，表现出宽频带、强吸收、反射率低等特点。例如，各种块状金属有不同颜色，但当细化到纳米级的颗粒时，所有金属都呈现出黑色。有些物体如纳米硅，还会出现新的发光现象。

（2）磁学特征。当微粒尺寸减小到临界尺寸时，常规的铁磁性材料会转变为顺磁性，甚至处于超顺磁状态。

（3）电学特征。纳米材料颗粒尺寸减小，导电性特殊，金属会显示出非金属特征。

（4）热学特征。纳米材料由几个原子或分子组成，原子和分子之间的结合力减弱，改变三态所需的热能相应减小。因此，纳米材料的熔点降低，最明显的金的熔点在 1 000 ℃以上，但纳米金在常温下就会熔化。

（5）表面活性和高吸附性。且纳米材料表面活性极强，可用作高效催化剂。例如，以粒径 < 0.3 μm 的镍和铜 - 锌合金的超细微粒为主要成分制成的催化剂，可使有机物氢化的效率达到传统镍催化剂的 10 倍。

3.纳米科技服装材料

在纺织领域主要是把具有特殊功能的纳米材料与纺织材料进行复合，制备具有各种功能的纺织新材料。

（1）制备功能纤维。在化纤纺丝过程中加入少量的纳米材料，可生产出具有特殊功能的新型纺织纤维。

1）抗紫外线纤维。某些纳米微粒具有优异的光吸收特性，将其加入合成纤维或再生纤维中，可制成抗紫外线纤维。目前，主要的抗紫外线功能纤维有涤纶、腈纶、锦纶和黏胶纤维等，用其制作的服装和用品具有阻隔紫外线的功效，可防止由紫外线吸收造成的皮肤病。如图 5-30 所示为抗紫外线服装。

2）抗菌纤维。将某些具有一定杀菌性能的金属粒子（如纳米银粒子、纳米铜粒子）与化纤复合纺丝，可制得多种抗菌纤维，比一般的抗菌服装材料具有更强的抗菌效果和更好的耐久性。例如，采用抗菌母粒与切片共混纺丝工艺生产丙纶抗菌纤维，其中母粒中含复合抗菌粉体10%，共混切片中含抗菌母粒6%~20%，纺丝工艺与普通丙纶基本相同。如图5-31所示为抗菌袜子。

图5-30　抗紫外线服装

图5-31　抗菌袜子

3）抗静电、防电磁波纤维。在化纤纺丝过程中加入金属纳米材料或碳纳米材料，可使纺出的长丝本身具有抗静电、防微波的特性。例如，将纳米碳管作为功能添加剂，使之稳定地分散于化纤纺丝液中，可以制成具有良好导电性或抗静电的纤维和服装材料。此外，在合成纤维中加入纳米，可以制得高介电绝缘纤维。目前已有抗电磁波的服装（图5-32）上市。

4）隐身纺织材料。某些纳米材料（如纳米碳管）具有良好的吸波性能，将其加入纺织纤维中，利用纳米材料对光波的宽频带、强吸收、反射率低的特点，可使纤维不反射光，用于制造特殊用途的吸波防反射服装材料（图5-33）。

图5-32　抗电磁波的服装

图5-33　吸波防反射服装材料

5）高强耐磨纺织材料。纳米材料本身就具有超强、高硬、高韧的特性，将其与化学纤维融为一体后，化学纤维将具有超强、高硬、高韧的特性。在航空航天、汽车等工程纺织材料（图5-34）方面有很大的发展前途。

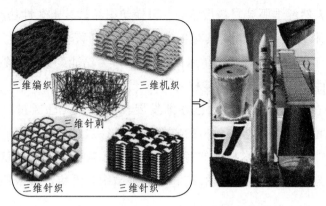

图 5-34　航空航天、汽车等工程纺织材料

6）其他功能纤维。利用碳化钨等高比重材料能够开发超悬垂纤维，利用铝酸锶、铝酸钙的蓄光性可以开发荧光纤维，以铝酸锶、铝酸钙为主要成分的蓄光材料，其余晖时间可达 10 h 以上；某些金属复盐、过渡金属化合物由于随温度变化而发生颜色改变，可利用其可逆热致变色的特征开发变色纤维（图5-35）。

彩图 5-35

（2）制备纳米纤维。纳米纤维是指直径＜100 nm 的超微细纤维，这样的纤维直径为纳米级，而长度可达千米，因而在某些性能上会产生突变。利用纳米纤维的低密度、高孔隙度和大的比表面积可做成多功能防护服（图5-36），这种微细纤维铺成的网带有很多微孔，能允许蒸汽扩散，即所谓的"可呼吸性"，又能挡风和过滤微细粒子，它对气溶胶的阻挡性提供了对化学有毒物的防护性，其可呼吸性又保证了穿着的舒适性。

图 5-35　变色纤维

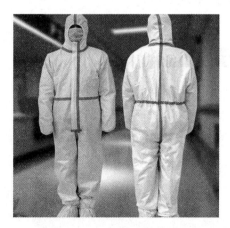

图 5-36　纳米多功能防护服

（3）功能整理。纳米材料除能直接添加到化纤中制备功能纤维外，也可加到服装材料整理剂中，采用后整理的方法与服装材料结合，制成具有各种功能的纺织品，且涂层更加均匀。此外，还可采用接枝法将纳米材料接枝到纤维上。接枝技术主要用于天然纤维服装材料后整理，可使纺织品具有永久性功能。

例如，纳米 ZnO 微粒不仅具有良好的紫外线遮蔽功能，而且也具有优越的抗菌、消毒、除臭功能，因此把纳米 ZnO 微粒作为功能助剂对天然纤维进行后整理，可以获得性能良好的抗菌服装材料。

纳米材料在纺织领域的应用已逐渐发展。近年来，已通过向合成纤维聚合物中添加某些超微或纳米级的无机粉末的方法，经过纺丝获得具有某种特殊功能的纤维。此外，还利用纳米材料的特殊功能开发多功能、高附加值的功能服装材料。目前，用静电纺制备微细旦纤维和对这种微细旦纤维性能及应用的研究已成为热点。

三、今后纺织品产业的展望

时尚是文化信息传播的一部分，而与生活最密切相关的服装和室内装饰则是其中的一部分。

纺织产业现在需要从各个方面谋求转变，通过技术与感性的融合，重视舒适的人类生活，以制造与自然的共生为目标，实现向创造生活文化提案产业的转变。

现今，量产化、效率化等有利于生产者方面的合理性是优先的，今后需要将视角转变为重视消费者方面。人类的生活需要与地球、自然环境共生发展，作为服装产业如何为生态可持续发展做出贡献，将会是今后的重点研究方向。

新一代纺织品产业重点着力于防止全球变暖、防止海洋污染、防止沙漠化、缺水对策、废弃物处理对策等地球环境问题，为节约资源、节约能源、循环利用做出积极的贡献。

课后习题

1. 针对纺织企业对环境的污染，谈谈你的看法。
2. 列举三种新型科技面料。

参 考 文 献

[1] 杨秋华，李苏兰. 面料再造在服装设计中的创新优化研究 [J]. 纺织报告，2021，40（9）：59-60.

[2] 田浩. 服装设计中面料再造艺术的应用价值研究 [J]. 西部皮革，2021，43（1）：46-47.

[3] 陈飞峰，郑高杰. 面料再造在服装设计中运用探析 [J]. 轻纺工业与技术，2017，46（2）：20-21+24.

[4] 韩磊. 服装面料再造在服装设计中的应用及发展研究 [D]. 长春：吉林艺术学院，2013.

[5] 翁小川. 服装设计中材料的创新应用研究 [D]. 上海：东华大学，2014.

[6] 郭嫣，韩凤丽，阎磊. 马尾毛及其衬布的生产工艺研究 [J]. 毛纺科技，2006（5）：45.

[7] 王伟. 中国纺织企业发展之路研究 [M]. 南昌：江西科学技术出版社，2018.

[8] 宋洁. 服装面料再造与立体造型的创新应用研究 [D]. 青岛：青岛大学，2021.

[9] 吕英娜. 经济新常态下纺织企业创新发展思路研究 [J]. 经济管理文摘，2020（20）：38-39.

[10] 魏娴媛. 浅谈服装材料在设计中的重要性 [J]. 辽宁丝绸，2015（4）：30-31.

[11] 杨秋乐，陈萌，李克兢，等. 服装材料创新在服装设计中的重要性 [J]. 山东纺织经济，2017（8）：55-57.

[12] 刘淑强. 常用服装辅料 [M]. 上海：东华大学出版社，2015.

[13] 王革辉. 服装材料学 [M]. 北京：中国纺织出版社，2010.

[14] 陈东生，吕佳. 服装材料学 [M]. 上海：东华大学出版社，2013.

[15] 许岩桂，周开颜，王晖. 服装设计 [M]. 北京：中国纺织出版社，2018.

[16] 梁娟. 服装设计中服装材料的历史及发展趋势之略探 [J]. 纺织报告，2021，40（9）：111-112.

[17] 赵璐琳. 服装材料的应用现状与前景展望 [J]. 鞋类工艺与设计，2021（1）：5-7.

［18］陈柏成．服装设计中材料的创新应用［J］．纺织报告，2020，39（10）：
95-97．

［19］李阳．浅析面料再造中堆积和褶皱在服装设计中的应用［J］．西部皮革，
2019，41（14）：19-20．

［20］廖喜林，刘让同，朱方龙，等．服装材料的多样性发展［J］．上海纺织科技，
2018，46（4）：1-3+19．

［21］孙浩然．服装设计中材料的创新应用研究［J］．纺织报告，2018（3）：
56-57．

［22］罗桂兰．服装面料再造设计及其艺术表现形式的研究［J］．毛纺科技，
2017，45（11）：62-64．

［23］许栋樑，任珊．服装面料的二次创意设计［J］．纺织学报，2016，37（1）：
127-131．

［24］王丹．服装设计中服装材料的运用及发展前景［J］．纺织报告，2021，40
（7）：65-66．

［25］欧阳芳．服装设计中材料的创新应用发展研究［J］．纺织报告，2021，40
（3）：81-82．

［26］陈华小．服装设计中的色彩搭配与运用［J］．纺织报告，2021，40（2）：
77-78+81．

［27］刘鑫，张春明．可持续理念在当代服装设计中的运用［J］．武汉纺织大
学学报，2020，33（6）：33-38．

［28］李海英．色彩在服装设计中的应用研究［J］．美术教育研究，2019（14）：
48-49．

［29］汪陆洋．服装材料的发展演变之天然纤维［J］．新材料产业，2018（9）：
71-77．

［30］吴晶，袁杰．皮革服装材料装饰工艺的应用与创新［J］．皮革科学与工程，
2016，26（6）：72-75．

［31］王伟．中国纺织企业发展之路研究［M］．南昌：江西科学技术出版社，
2018．

［32］文化服装学院．アパレル素材论［M］．日本：文化学园 文化出版局，
2013．

［33］文化服装学院．服饰造型应用篇Ⅱ［M］．日本：文化学园 文化出版局，
2011．